KB019138

인생도
미분이
될까요

인생도 미분이 될까요

1판 1쇄 펴냄 2020년 10월 30일
1판 3쇄 펴냄 2023년 11월 15일

지은이 반은섭

주간 김현숙 | **편집** 김주희, 이나연
디자인 이현정, 전미혜
영업·제작 백국현 | **관리** 오유나

펴낸곳 궁리출판 | **펴낸이** 이갑수

등록 1999년 3월 29일 제300-2004-162호
주소 10881 경기도 파주시 회동길 325-12
전화 031-955-9818 | **팩스** 031-955-9848
홈페이지 www.kungree.com | **전자우편** kungree@kungree.com
페이스북 /kungreepress | **트위터** @kungreepress
인스타그램 /kungree_press

ⓒ 반은섭, 2020.

ISBN 978-89-5820-687-3   03410

인생도
미분이
될까요

점에서 무한까지,
나를 만나는 수학 공부

X

Y

6

7

1

3

반은섭 지음

궁리
KungRee

수식 너머에 있는
의미를 찾아서

'수학'이라는 단어는 여러분에게 어떤 의미인가요? 많은 분들이 아마도 '어렵다'는 생각을 가장 먼저 떠올릴 것입니다. 역사적으로 가장 오래된 학문 중 하나인 수학은 소수의 천재 수학자들에 의해 발전하고 계승되어 왔습니다. 여느 사람들에게 수학은 동서고금을 막론하고 어렵습니다. 제가 지금까지 가르쳐온 수많은 학생들은 물론이고 이 글을 읽고 있는 독자분들에게도 수학은 대체로 저 멀리에 있는 낯선 존재입니다.

수학책을 보면 알 수 없는 수식으로 가득 차 있지요. 이 수식들이 갖고 있는 의미가 있을 텐데요. 그토록 많은 수학자들이 불면의 밤을 보내며 치열하게 고민했던 근본적인 동기가 무엇이었을까요? 프랑스의 수학자인 라플라스는 "자연의 모든 법칙은 다만 몇 가지 불변의 법칙이 수학적으로 전개된 결과이다."라는 말을 남겼습니다. 수학자들은 대자연의 법칙과 원리를 수학이라는 창으로 들여다보면서 놀라운 발견을 하고 희열을 느낍니다.

우리에게 수학의 이미지는 라플라스가 말한 이성적이고 계산적인 것이지요. 저는 조금 다른 이야기를 하고 싶습니다. 수학에서 찾을 수 있는 인생의 지혜와 같은 감성적인 부분입니다.

복잡한 수식의 행간을 들여다보면, 놀랍게도 수학이 우리의 삶과 맞닿아 있는 것을 깨닫게 됩니다. 이건 수학자들이 자연을 수식으로 쓰면서 느꼈을 '감동'이나 '떨림'과는 차원이 사뭇 다른, 따뜻한 마음의 '울림'입니다.

내 삶과 연결해 생각해보면 수학은 무한한 상상력이 될 수 있고 인생 고민을 함께 나눌 수 있는 친구가 되기도 합니다. 때로는 나를 변화시키는 용기와 힘을 주기도 하며 삶을 되돌아보고 반성할 수 있도록 자극해주기도 하지요. 수학이 줄 수 있는 이런 지혜의 메시지들이 오가는 수학 교실을 상상해봅니다.

현대의 수학은 4차산업혁명, 인공지능, 빅데이터와 같은 차가운 단어를 앞세워 우리들에게 더욱더 완벽하고 이성적인 문제 해결력을 요구하고 있습니다. 우리 학생들은 이성적이고 논리적인 사고로 무장된 수학 열차에 타고 있습니다. 수학교육 전문가들은 다양한 매체를 통해 수학 문제를 화려하고 멋지게 풀어주는 듯 보이지만 결국은 학생들을 문제 풀이 만능의 기계로 만들고 있습니다. 숨이 턱턱 막힙니다. 때론 두렵기까지 합니다. 입시 위주의 우리나라 교육현실을 이용해 수학을 상업적으로 이용하고 있는 것은 다반사입니다.

혹시 '수포자'라는 단어를 알고 계신가요? '수학을 포기한 자'의 줄임말입니다. 우리나라에만 있는 표현으로 국어사전에 등재되어 있기까지 합니다. 요즘엔 방송에서 '문과라서(수학을 못해서) 죄송하다.'라는 말의 줄임말인 '문송하다'라는 표현까지 쓰는 것을 봤습니다. 왜 우리 사회는 새로운 단어까지 만들어가며 단지 '수학 문제'를 잘 풀지 못하는 사람들을 구분하는 것일까요? 수학이 전하는 따뜻한 마음의 울림을 교실에서 느껴보지 못한 채 오로지 차갑고 이성적인 문제 풀이식 수학만을 공부했기 때문입니다.

저는 수학을 가르치는 교사입니다. 제가 살고 있는 싱가포르는 수학교육의 열기가 적도의 태양만큼이나 뜨거운 것으로 유명합니다. 언젠가 녹음이 짙은 자연 속에 위치한 로컬 학교의 수학 수업을 참관할 기회가 있었습니다. 선생님과 학생들이 프로젝트를 수행하면서 수학의 가치를 함께 나누는 모습이 인상적이었지요. 싱가포르엔 물론 '수포자'라는 단어가 없습니다. 결과보다는 학습의 과정을 강조하고 실패를 허용하는 교실 문화를 꽃피워 수학에 대한 흥미와 자신감을 키워주는 교육 방식을 택하고 있습니다.

싱가포르에서 학생을 가르치게 되면서 한국과 비교해 시간적인 여유가 많이 생겼습니다. 지난 15년간 이 시대의 청춘들과 함께 음미하고 고민했던 수학의 지혜와 감동을 담담하게 써 내려갔습니다. 문제를 신속하고 멋있게 풀 수 있는 방법만을 궁리했다면 수학의 지혜를 영원히 찾지 못했을 것입니다.

이 책은 문제 해결의 기발한 방법이라든지 복잡한 수학 지식에 대한 학습법을 담고 있는 수학 서적이 아닙니다. 수학을 잘하기 위한 구체적인 실천론을 다루고 있지도 않습니다. 대신 수학이 우리에게 줄 수 있는 삶의 지혜에 집중하고 있습니다.

우리는 무한한 세상 속의 작고 보잘것없는 인간입니다. 다만, 작은 점과 같은 내가 언젠가 더 큰 세상과 연결될 것이라는 믿음을 가지고 어제보다 더 나은 내일을 위해 내 삶을 변화시킬 뿐입니다. 여러분은 이 책을 들고 계신 것만으로 '어려운 수학' 더미에서 삶의 의미와 가치를 찾을 준비가 되셨습니다.

바람이 더 있다면, 학창시절 우리를 그토록 괴롭혔던 수학을 똑바로 마주하고, 사람들이 수학에 대한 오해를 풀었으면 하는 것입니다. 수학을 못했던 분들도 수학을 충분히 즐길 수 있습니다. 어떤 분들에게는 이 책이 수학을 주제로 한 새로운 개념의 종합교양 서적이 되리라 봅니다. 무엇보다 수학에 지칠 대로 지쳐 있는 학생들, 학부모님들이 이 책을 함께 읽고 인생 담론을 나눌 수 있었으면 좋겠습니다. 수학을 주제로 따뜻하고 감성적인 이야기를 주고받는 장면을 그려봅니다. 앞으로 많은 분들이 '수학'을 더 이상 어렵거나 괴롭게 생각하지 않도록 우리 모두를 따뜻하게 보듬어줄 수 있는 수학교육이 이루어지길 기대합니다.

적도에 위치한 싱가포르까지 머나먼 길을 떠나와 더 넓은 세상으로 이 책을 띄워 보냅니다. '수학'을 바라보는 새로운 시선과 따뜻한 목소리의 가치를 발견해주시고 책으로 만들어주신 궁리출판 관계자분들께 감사의 인사를 드립니다.

1977년 NASA가 제작한 무인탐사선 보이저 1호와 2호는 보이저 계획에 따라 태양계를 탐사하면서 우리에게 많은 우주 정보를 제공했습니다. 이들은 현재 태양권의 경계를 넘어 인터스텔라(Interstellar, 성간우주)에 진입했습니다. 그리고 앞으로도 어두컴컴하고 광활한 우주 어딘가를 향해 끝없이 외로운 여행을 할 것입니다.

보이저 형제들과 마찬가지로, 밝기도 하고 어둡기도 한 혼돈의 길 위에서 오늘도 고독한 인생 여행을 하고 계실 모든 분들에게 위로와 응원의 말씀을 전합니다.

싱가포르 부킷티마 언덕에서

반은섭

차례

1장

무한

– 무한한 세상과 유한한 인간

가장 먼 곳은 바로 여기
무한한 시공간과의 만남

fx

중세시대까지만 해도 사람들은 바다 멀리 나가면 낭떠러지가 있다고 믿었습니다. 용기 있는 자들이 배를 띄웠고 오랜 시간의 항해 끝에 결국에는 출발한 곳으로 다시 오게 되었습니다. 우리는 커다란 공 모양의 구 위에 살고 있습니다. 구면(球面)을 밟고 삽니다.

지구 위의 어느 한 점에서 출발하여 가장 먼 곳으로 여행을 떠나봅시다. 지구본을 떠올리면 이해하기 쉽겠죠. 방향은 상관없이 무조건 직진입니다. 가장 먼 곳은 어디일까요? 신기하게도 여행자는 지구본 위에 그릴 수 있는 가장 큰 원을 그리면서 출발한 지점으로 돌아오게 되어 있습니다. 멀고 먼 길을 떠났지만 제자리입니다.

만일 우주선을 타고 지구 밖 우주로 나간다면 어떨까요? 바다에 띄운 배와 마찬가지로 우주선도 직진입니다. 다만, 차원(Dimension)이 바뀝니다. 배는 2차원인 구면 위를 항해하지만, 우주선은 더 높은 차원의 우주공간을 뚫고 나갑니다. 설레는 마음으로 바다 여행을 한 콜럼버스와 같이 머나먼 우주 여행을 떠나봅시다.

우주의 모양을 확인할 길이 없지만, 우리가 보낸 우주선은 긴 여행 끝에 언젠가 다시 지구로 돌아올 수도 있을 것입니다. 우리가 살고 있는 지구의 끝이 없듯이, 우주의 끝은 없습니다. 배를 타고 먼 곳으로 떠나 출발한 곳으로 돌아온 것처럼 어쩌면, 우주의 끝은 지금 우리가 살고 있는 지구일지도 모릅니다.

영화 〈인터스텔라〉에서 아버지 '쿠퍼'는 인류가 생존할 수 있는 새로운 행성을 찾아 멀리 떠납니다. 그가 탄 우주선은 웜홀을 통해 태양계를 벗어나 지구에서 점점 멀어집니다. 타는 듯한 블랙홀 속으로 들어간 쿠퍼는 강한 중력을 받습니다. 물리학적으로 쿠퍼는 너무도 강한 중력을 받고 있기 때문에 그의 시간은 지구의 시간보다 아주 천천히 갑니다. 블랙홀에서 정신을 잃은 쿠퍼가 다시 눈을 떴습니다. 우주의 저 끝에서 낯선 4차원 시공간을 더듬거립니다.

신기하게도 그가 찾은 것은 아주 익숙한 공간이었습니다. 그가 본 것은 사랑하는 딸과의 소중한 추억이 담긴 방이었습니다. 한쪽 벽면을 가득 채우고 있던 책들 사이로 먼 여행을 떠나기 전의 본인과 딸의 모습이 보입니다. 지구를 떠나 머나먼 길을 떠났지만, 그 끝은 출발한 곳이었습니다.

어디에 있든 상관없습니다. 내가 있는 곳에서 가장 먼 곳은 바로 여기입니다.

먼 미래에서 타임머신을 타고 찾아와 딸에게 조언해줍니다. 그림자를 바꿔보고 또 책장의 책도 떨어뜨리면서 말이죠. 사실 우주 여행을 떠나기 전에 이미 일어난 일입니다. 그때는 머나먼 우주의 끝에서 자기 자신이 전한 메시지였다는 것을 당연히 몰랐습니다. 이 영화를 통해 크리스토퍼 놀란 감독은 시공간을 초월한 사랑의 메시지를 전하고 싶었을 것입니다.

수학에서는 수식을 통해 무한을 다룰 수 있습니다. 가장 큰 양수가 있다면(물론 없습니다), 그 수를 N이라고 합시다. 그리고 '0'에 가장 가까운 양수를 E라고 가정합니다.

$$\frac{1}{N} = E$$

간단한 산수를 쓰면, 위와 같은 식으로 쓸 수 있습니다. 조금 어려운 수식을 이용해 정확히 표현하면 다음과 같지요.

$$\lim_{N \to \infty} \frac{1}{N} = 0$$

가장 큰 수 N과 가장 작은 수 E는 늘 같이 붙어 다닙니다. 심지어 위의 식에서 N과 E의 자리를 바꿔도 식이 성립됩니다.

수학에서 무한을 논할 때 가장 작은 수 '0'이 필요합니다. '0'의 개념은 불교의 발상지 인도에서 처음 나왔는데, 이 사실이 놀랍지 않습니다. 불교의 경전 『반야심경(般若心經)』에 색즉시공 공즉시색 (色卽是空 空卽是色)이라는 말이 나옵니다. '색의 본질은 공이요, 공은 색과 다르지 않다.' 이 화두는 많은 해석을 가능케 하지만, 초등 수학을 활용하면 누구나 알고 있는 앞의 식으로 이해할 수 있습니다. 가장 작은 수는 결국 가장 큰 수와 다르지 않습니다.

수학에서 가장 작은 수와 가장 큰 수가 바로 옆에 붙어 있는 경우가 또 있습니다. 바로 직선의 기울기입니다. 직선의 기울어진 정도를 기울기라고 하는데, 아래의 그림에서 파란색 직선은 기울기

직선의 기울기

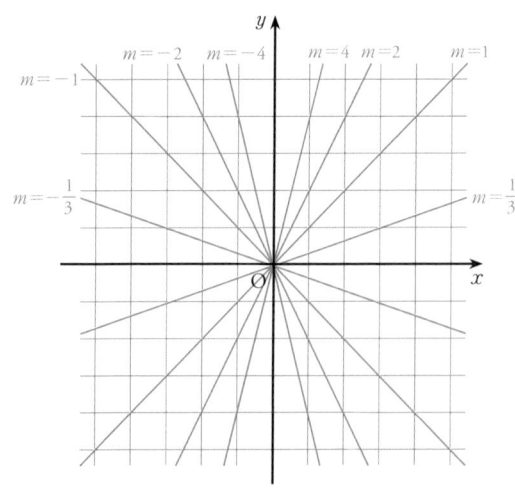

1장. 무한

가 양수이고 빨간색 그래프는 음수 기울기를 가진 직선입니다.

기울기의 값이 비슷한 직선은 가깝게 붙어 있습니다. 그런데 y 축의 양쪽으로 있는 직선은 기울기가 가장 큰 직선과 가장 작은 직선입니다. 가장 큰 수와 가장 작은 수가 붙어 있습니다. 극과 극은 통한다는 말이 이해가 됩니다.

우리가 살고 있는 지금 이 순간과 공간이 무한한 시공간과 어떤 식으로든 연결되어 있을 것만 같습니다. 제가 지금 살고 있는 유일무이한 시공간을 다시 생각해봅니다.

한국에서 먼 길을 떠나 싱가포르한국국제학교의 수학교사가 되기로 마음먹으면서 저는 많은 고민을 했습니다. 먼 미래의 내가 타임머신을 타고 와주기를 간절하게 원했습니다. 최선의 선택인지 물어보고 싶었습니다. 욕심과 번민 때문이었을까요? 그의 메시지를 확실하게 느끼지는 못했습니다. 다만, 저는 지금 그가 알려준 길을 가고 있다고 믿고 싶습니다.

순간과 무한을 다루는 미적분 강의를 마치고 학교 뒷산에 오릅니다. 영원한 생명나무는 눈이 부시게 푸르기만 합니다. 높은 곳에서 바람에 흔들리고 있는 나뭇잎들이 마치 하늘에 걸려 있는 것 같습니다. 갑자기 먹구름이 몰려와 천둥이 치고 시원한 장대비가 내립니다. 적도에서 내리는 빗소리와 천둥소리는 우렁찹니다.

무한한 우주(宇宙)에서 이곳까지 찾아온 빗방울일 것입니다. 먼 미래에서 온 것일지도 모르겠습니다. 빗소리를 들으면서, 먼 미래의 나를 다시 한 번 찾아봅니다.

공집합, 빈손으로 떠날 세상

삶은 복잡다단하지만, 결국 우리는 빈손으로 떠납니다

fx

몇 년 전, 제가 근무하고 있는 지역의 교육청에서 수학 용어 디자인을 공모하고 있었습니다. 학생들에게 공지하고 작품을 기다렸습니다. 며칠 후 한 학생이 손수 디자인한 작품을 가지고 자문을 구하러 찾아왔더군요. 그림에는 밤에 낚시를 하고 있는 사람이 보였고, 수식과 한자를 이용해 표현한 '공집합'이라는 글씨가 있었습니다. 그리고 깊은 바다의 빈 공간을 향하고 있는 낚시 줄과 어부의 빈 그물이 눈에 띄는 다소 철학적인 디자인이었습니다.

저는 파란 바다와 검은 하늘을 보다 선명한 색으로 구분하고 비어 있는 바다, 빈 그물과 대비된 밤하늘의 무수히 많은 별들을 강조하면 좋겠다는 조언을 해주었습니다. 그 학생은 디자인을 보완하고 완성해 작품에 대한 설명을 덧붙여 출품했습니다.

수학 용어 디자인: 〈공집합〉

넓고 깊은 바다로 나아가 보다 더 크고 많은 물고기를 낚으려 늦은 밤까지 노력했건만, 빈 배로 돌아올 수밖에 없었던 인간의 고뇌와 숙명을 공집합으로 나타낸 작품입니다. 마치 무한집합처럼 표현되어 있는 밤하늘의 쏟아질 듯한 별들이 허무한 인간의 마음을 잘 보여주고 있습니다.

특히 "공집합"이라는 글씨의 "공"에서 사용된 '숫자 0'은 공집합의 원소의 개수를 의미하고 있으며, 한편으로 0을 통하여 가장 큰 수의 개념인 무한(infinity)을 생각할 수 있습니다. "집"에서 'ㅈ'을 有로 표현한 것은 공집합이 유한집합이라는 것을 나타내고 있으며, "합"에서 공집합이 모든 집합의 부분집합이 된다는 수식을 찾을 수 있습니다. 즉, 공(空)은 비어 있지만, 우주만물 어디에도 다 포함되어 있는 철학적인 개념일 것입니다. 결과적으로 심사위원들의 좋은 평가가 있었고, 수상의 보람도 있었습니다. 비어 있음과 무한한 채움을 철학적으로 대비시킨 저 작품은 지금도 교육청의 로비에 잘 전시되어 있습니다.

집합의 개념은 현재 한국의 고등학교 1학년 과정에서 다루고 있지만, 10여 년 전까지만 해도 중학교에서 배웠습니다. 중학교라는 낯선 환경에서 학습했던 유한집합, 교집합, 합집합, 부분집합과 같은 개념들을 기억할 것입니다.

공집합은 모든 집합의 부분집합이 됩니다. 원소가 아무것도 없는 공집합이 모든 집합의 부분집합이 된다니요. 조금 이상합니다. 저는 그냥 외웠습니다. 예를 들어 원소가 두 개인 집합 $\{a, b\}$의 부분집합은 원소가 없는 공집합 { }, 원소가 한 개인 집합 $\{a\}$, $\{b\}$, 그리고 원소가 두 개인 것 $\{a, b\}$ 이렇게 네 개입니다.

공집합은 아무것도 없는 공의 개념, 무의 개념을 집합으로 표현한 것입니다. 우리가 오감으로 느낄 수 없지만 존재하는 것이 세상에 많습니다. 우리는 호흡하는 공기를 보고 느낄 수 없습니다. 그러나 과학은 우리를 둘러싸고 있는 질소와 산소 등의 정체를 알려주었습니다.

고등학교 수학에 나오는 '허수'를 기억할 것입니다. 제곱해서 -1이 되는 수, 이 수가 허수입니다. i라는 알파벳으로 표현합니다. 허수의 단위입니다. 허수라는 단어를 그대로 해석하면 상상의 수(imaginary number)입니다. 하지만, 분명히 '있는 수'로 받아들여야 합니다.

수학자들은 처음에 허수의 존재를 받아들이지 않았습니다. 허수의 개념이 포함되어 있는 몇 가지 위대한 수학적 발견이 발표된 이후 자연스럽게 허수의 존재를 인정했습니다. 예를 들어 삼차방정식의 근의 공식에서 사용된 허수가 큰 역할을 했습니다.

근대 이후의 수학이나 물리학의 이론 전개를 위해서는 허수의 개념이 필요합니다. 수학적으로는 $x^2 = -1$의 근을 표현할 때 허수가 꼭 필요하며, 물리학의 전자기학 혹은 양자역학에서 다루는 파동 함수 등에서 허수가 사용됩니다. 우리는 실수와 허수의 세상에서 살고 있습니다.

전 세계적으로 수 개념을 도입하는 시기가 비슷합니다. 초등학교에서 자연수, 중학교에서 정수와 유리수, 실수 개념을 배웁니다. 그리고 허수의 개념을 통합해 고등학교에서 복소수까지 수의 범위를 확장합니다. 실수와 허수를 합쳐 복소수(complex number)라고 합니다.

복잡하다는 뜻의 complex를 그대로 사용합니다. 복잡한 수이지요. 마찬가지로, 삶은 복잡다단합니다. 실제로 있는 세계와 상상의 세계가 모두 섞여 있습니다.

허수는 상상의 수이지만 '존재하는 수'입니다. 마치 음수처럼 말

복소수
_____

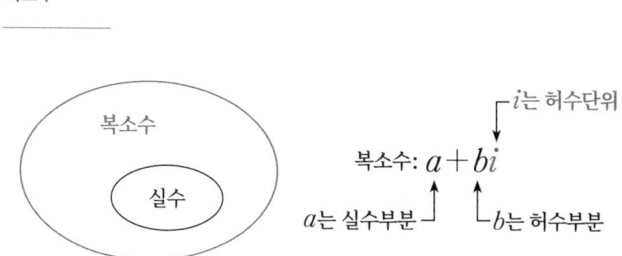

이죠. 마찬가지로 상상의 세상도 분명히 존재하며, 우리 인생의 일부일 것입니다. 어쩌면 보이지 않는 세상이 더 신비롭기도 합니다.

공집합에 채워 넣을 무형의 추억을 차곡차곡 쌓아놓고 싶습니다. 언젠가는 세상과 이별을 해야 하기 때문입니다. 우리는 모두 각자의 빈집을 남기고 떠나게 됩니다.

기형도 시인은 〈빈집〉이라는 시를 통해 비어 있으나 추억으로 가득한 빈집을 묘사했습니다.

사랑을 잃고 나는 쓰네

잘 있거라, 짧았던 밤들아
창밖을 떠돌던 겨울 안개들아
아무것도 모르던 촛불들아, 잘 있거라
공포를 기다리던 흰 종이들아
망설임을 대신하던 눈물들아
잘 있거라, 더 이상 내 것이 아닌 열망들아

장님처럼 나 이제 더듬거리며 문을 잠그네
가엾은 내 사랑 빈집에 갇혔네

사랑을 가둬놓은 저 빈집에 얼마나 많은 추억들이 담겨 있을까요? 좋은 추억, 쓸쓸한 추억 모두 다 소중합니다. 행복한 일이 그렇지 않은 일보다 더 많았다면, 감사한 일이겠지요. 비록 인생에서 아무것도 낡은 것이 없어도 괜찮습니다. 고요한 밤바다와 쏟아지는 은하수를 볼 수 있었고, 때로는 거센 파도에 맞서며 생존의 희열도 느껴봤을 것입니다. 그 모두가 빈집에 남겨져 영원히 잠기게 되겠네요.

공집합이 모든 집합의 부분집합이듯, 모든 사람은 결국 빈집을 남기고 빈손으로 떠납니다. 하지만 괜찮습니다. 소중한 추억들은 영원히 기억될 것입니다.

순간과 무한이라는 허상

이해되지 않아도 받아들여야 합니다

$$fx$$

고3 학생들은 수능시험이 끝나고 대학교에 입학하기 전까지 정말 꿈같은 시간을 보내게 됩니다. 싱가포르에서도 마찬가지입니다. 오히려 이곳의 학생들은 더 일찍 끝납니다. 8월 말이 되면 거의 모든 대학의 입학 전형이 마무리되기 때문입니다.

오래전, 수능시험을 본 제 모습을 생각해봅니다. 갑자기 주어진 '자유'가 어색했습니다. 다들 그랬습니다. 여기저기 기웃거리면서 성인이 될 준비를 했었습니다. 늘 붙어 다니면서 공부했던 친구 두 명과 뜨거운 여름날 했던 약속을 지켜야 했습니다. '지리산 종주'였습니다.

우리 셋은 목요일 밤 기차에 올랐습니다. 처음 사 신은 등산화들이 반짝였습니다. 밤새 천천히 달린 무궁화호는 다음 날 새벽 구례

구역에 도착했습니다. 기차에서 새우잠을 잤지만 전혀 피곤하지 않았습니다. 눈을 비비며 어둠 속에서 처음 마주했던 구례구역은 산속의 작은 간이역이었습니다.

역전에서 컵라면의 뜨거운 국물까지 다 마시고 화엄사로 향했습니다. 출발 지점입니다. 아직 어두운 새벽, 키를 훌쩍 넘는 배낭을 메고 천천히 올라갔습니다. 저녁 무렵에 도착한 노고단엔 다른 세상이 펼쳐져 있었습니다. 고요한 아침 풍경 같았습니다. 발아래에서 구름이 흘러가고, 저 멀리에 울음이 타는 붉은 섬진강도 보였습니다.

어두운 밤, 산장에 불이 꺼집니다. 밖으로 나가 하늘을 봅니다. 저는 그날 그렇게 많은 별을 처음 봤습니다. 마치 모래사장에 있는 모래들을 모두 모아 하늘로 뿌려 놓은 것만 같았습니다. 우리는 길바닥에 그대로 누워 아무런 말도 하지 못하고 그냥 금빛 하늘을 바라볼 뿐이었습니다. 끝없이 넓은 검은 도화지에 밝은색 점들이 가득했습니다. 조금 무서웠습니다.

"우주의 끝은 어디인가?", "이 넓은 우주에서 나는 지금 어디에 있는가?" 스무 살을 코앞에 둔 청년들에게 너무도 어려운 질문이었습니다.

대학에 진학해 수학을 진지하게 음미해보면서 지리산의 밤하늘을 보면서 고민했던 문제들의 답을 조금씩 정리할 수 있었습니다.

물론 정답은 없습니다. 답이 없는 문제에 대한 고민입니다.

저는 먼저 '수(數)'의 정체에 대해 생각해보려 합니다.

수는 허상입니다. 본질을 나타내지 않습니다. 만들어낸 이미지이지요. 숫자 "1"을 예로 들겠습니다. 사람 한 명, 건물 하나, 물 한 컵은 전혀 다른 대상이지만, 이 대상들은 공통으로 한 개, "1"이라는 의미가 있습니다. '수'는 '양'을 표현하는 추상적인 개념입니다.

사전을 보면 추상은 "개별의 사물이나 표상의 공통된 속성이나 관계를 뽑아내는 것"으로 나와 있습니다. 사실, 우리 인류가 물고기 한 마리와 사람 한 명을 추상적인 기호 "1"을 통해 같다고 인식하기까지는 수천 년이 걸렸습니다.

'수(數)'는 인간의 사고 속에서 추상적으로만 존재하며, 실체가 없습니다. 그 수들을 다루는 학문이 수학입니다. 허상을 다루는 것이지요. 자연수는 그나마 낫습니다. 음수도 있습니다. $\frac{1}{2}$ 은 어떻습니까? 우리는 어떤 존재를 정확하게 절반으로 나눌 수 없습니다. 정확히 나뉘었다고 생각하고 $\frac{1}{2}$ 로 씁니다.

'수'가 허상이라고 했습니다. 그렇다면, 연속적으로 변하는 수들은 어떻게 해석해야 할까요? 지금 이 순간은 정확히 몇 시일까요? 정확한 시간은 아무도 모릅니다.

이 문제에 답하기 위해서 "극한(limit)"에 대해 알아야 합니다.

다음 반비례 함수와 그래프를 보세요.

$$y = \frac{1}{x}$$

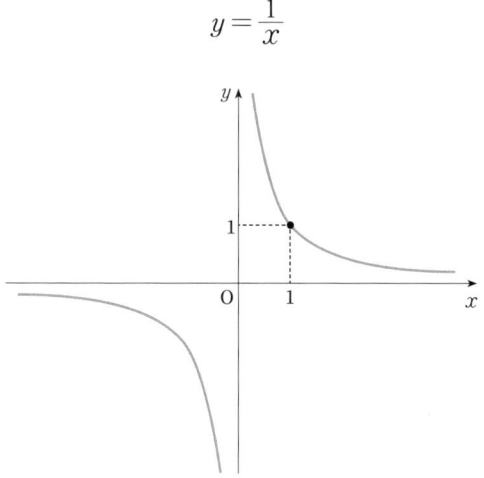

$x = 1$일 때, y값(함숫값)은 얼마인가요? 답은 1입니다. 그림에 표시되어 있습니다. 시간과 같은 연속적인 상황을 가정하겠습니다. 연속적인 상황에서는 함숫값 대신 극한값을 사용하는 것이 옳습니다. 극한은 정확한 수를 다루는 것이 아닙니다.

$$\lim_{x \longrightarrow 1} \frac{1}{x} = 1$$

"$\lim_{x \longrightarrow 1}$"은 "$x$가 1이 되지 않으면서, 1에 아주 가까이 간다는 것"을 나타내는 중요한 기호입니다. 1과 전혀 차이가 없을 정도로 가깝게 간다는 의미입니다. 또한 위에 있는 식에서 등호는 1과 같다는 의미가 아닙니다. "1에 가까이 간다."는 의미입니다. 그리고 더 중요한 것은 결국엔 같아졌다고 우리가 인식하고 받아들여야 한다는 것입니다.

극한(무한)에는 두 가지 종류가 있습니다. 동적인 의미의 "가까이 간다(가무한)"와 정적인 의미의 "가까이 갔다(실무한)"입니다. 두 가지 의미는 다르지만, 수학에서는 같은 것으로 이해해야 합니다.

우리는 극한을 통해 추상적인 수들을 갖고 놀 수 있습니다. 중학교 2학년 과정에 순환소수 개념이 나옵니다.

$$0.9999\cdots = 1$$

학생들에게 위 식이 옳은지 물어보면, 거의 대부분의 학생이 맞는 것 같지만, 분명히 $0.9999\cdots$가 1보다 조금이라도 작은 것 같다고 말합니다.

1이라는 '순간'에 가까이 가기는 해도, 결국엔 1이 된다고 믿기 어렵습니다. 그런데, 이것은 분명히 극한의 개념입니다. 어떤 순간에 점점 가까이 가고 있으며(가무한), 궁극적으로는 같아졌다(실무한)고 받아들여야 합니다. 믿을 수밖에 없습니다.

무한히 큰 개념도 마찬가지입니다.

$$\lim_{x \to \infty} \frac{1}{x} = 0$$

반비례 함수의 함숫값들은 x의 값이 아무리 커도 영원히 0에 도달하지 못합니다. 앞의 그림 $y = \frac{1}{x}$ 을 보면, x가 증가할수록 그래프가 x축에 점점 가까워집니다. 그러나 궁극적으로는 0이 된다고 받아들여야 합니다. 위 식에서 등호의 의미가 참 변덕스럽습니다. 0에 한없이 가까이 가서 결국엔 0에 도달했습니다.

하나만 더 같이 고민해봅시다. 다음 식이 과연 옳을까요?

$$\frac{x^2-1}{x-1} = x+1 \, (?)$$

x에 숫자들을 대입해보세요. x가 1이 아닐 경우에 한하여, 등호를 기준으로 왼쪽과 오른쪽의 식의 값이 같습니다.

$x=1$인 경우는 극한을 이용해야 깔끔하게 정리됩니다. 앞에서 설명했듯이, 극한의 세계에선 $x \to 1$ 의미는 x가 1에 가까이 가되, 1은 아니라는 의미입니다. 즉 분모가 0이 될 수 없으므로 분자의 식을 인수분해하여 분수를 약분할 수 있습니다. 아래와 같은 식이 나옵니다.

$$\lim_{x \to 1} \frac{x^2-1}{x-1} = \lim_{x \to 1} \frac{(x+1)(x-1)}{x-1} = \lim_{x \to 1}(x+1) = 2$$

사실, 무한은 수학자들도 참 어렵게 받아들인 개념입니다. 기본적으로 극한은 무한의 세계입니다. 유한을 살고 있는 인간은 이해하는 데 한계가 있습니다. 다만, 그냥 받아들일 뿐입니다.

수가 허상이듯, 순간과 무한도 마찬가지로 허상입니다. 이 넓은 우주에서 나는 지금 어디에 있는가? 끊임없이 질문을 해도 인간인지라 본질은 모릅니다. 아마도 영원한 수수께끼일 것입니다. 영국의 위대한 물리학자이자 수학자였던 아이작 뉴턴(Isaac Newton, 1642~1727)이 명언을 남겼습니다.

"내 눈에 비친 나는 어린아이와 같다. 바닷가 모래밭에서 더 매끈하게 닦인 조약돌이나 더 예쁜 조개껍데기를 찾아 주우며 놀고 있다. 그러나 거대한 진리의 바다는 온전한 미지로 내 앞에 그대로 펼쳐져 있다."

거대한 진리의 바다는 너무도 넓습니다. 그리고 이 세상에는 이해되지 않는 일들이 정말로 많이 있습니다. 하지만 수학에서 순간과 무한이라는 허상을 수식으로 나타내고 받아들였듯이, 이해되지 않는 일도 인정하고 받아들이는 것이 때로는 삶의 지혜가 됩니다. 우리 앞에는 아직 다듬어지지 않은 날것 그대로의 원석과 우리의 발견을 기다리는 미지의 세계가 펼쳐져 있습니다.

1장. 무한

수학, 무한의 신비를 다루다
구름 뒤에 숨어 있는 무한한 무리수를 상상해보세요

f_x

이 책을 읽고 있는 여러분에게 질문을 던집니다. 눈을 감고 아무 숫자를 하나 떠올려보시겠어요? $\sqrt{3}$과 같은 무리수를 생각한 분이 계신가요? 아마 거의 없을 겁니다. 대부분 자연수나 분수 같은 유리수를 생각하셨겠지요. 그런데 자연계에는 유리수보다 무리수가 훨씬 더 많습니다. 트럭 몇 대에 축구공을 가득 실어와 바닷가 모래사장에 뿌려 놓는다고 가정해보면, 마치 축구공이 유리수이고, 모래알이 무리수가 된다고 할까요? 무리수는 유리수와 비교할 수 없을 정도로 많이 있습니다.

유리수와 무리수에 대해서 조금 더 자세히 살펴보겠습니다. 유리수는 두 정수 a, b의 비율로서 $\frac{a}{b}(b \neq 0)$꼴로 나타낼 수 있는 수입니다. 물론, 유리수는 자연수나 정수를 포함하는 개념입니다. 반

면 무리수는 두 정수의 비율인 분수로 나타낼 수 없는 수입니다.[*]
무리수를 무리하게(?) 소수로 표현할 수도 있는데요. 소숫점 아래
자리 수들이 일정한 패턴 없이 무한히 나타나게 됩니다.

무리수의 발견은 수학자들에게 큰 충격을 가져다주었습니다. 시
간을 2000년 이상 되돌려 고대 그리스 시대로 가보겠습니다. 자연
계에 존재하는 무리수의 정체는 고대 그리스의 피타고라스 학파
가 처음 알고 있던 것으로 전해집니다. 피타고라스 학파의 일부 학
자들이 이등변 직각삼각형의 밑변과 빗변의 비를 정수의 비율로
표현할 수 없다는 것을 증명했습니다.

이는 우주가 완벽하여 모든 것이 정수의 비로 표현될 수 있다고
믿었던 피타고라스 학파에 충격을 주었습니다. 우리는 지금 유리
수가 아닌 실수가 있으며, 그 수가 무리수라는 사실을 배워서 알고
있지만, 피타고라스 시대에 살고 있다고 상상해보면, 무리수의 존
재를 생각해낸다는 것이 결코 쉽지 않았을 것입니다.

무리수의 몇 가지 예를 살펴보겠습니다. 다음의 식을 만족시키
는 x값들이 무리수입니다.

---

[*] 무리수(無理數)라는 용어는 영어 명칭인 'irrational number'를 사전적인 의미 그대로 번
역한 것입니다. 그러나 무리수 자체가 비(분수꼴)로 나타낼 수 없는 수를 뜻하므로 무
비수(無比數)로 번역해야 하며, 유리수도 같은 이유로 유비수(有比數)라고 해야 한다
는 주장도 있습니다.

1장. 무한

$$x^2=2 \quad \rightarrow \quad x=\sqrt{2}, -\sqrt{2}$$
$$x^2=3 \quad \rightarrow \quad x=\sqrt{3}, -\sqrt{3}$$
$$x^3=2 \quad \rightarrow \quad x=\sqrt[3]{2}$$
$$2^x=3 \quad \rightarrow \quad x=\log_2 3$$

뿐만 아니라, 우리가 알고 있는 원주율 π나 $\sin 20°$, $\cos 30°$, $\tan 50°$와 같은 대부분의 삼각비의 값도 역시 무리수입니다.

무리수를 가르치다 보면 제가 대입 면접을 봤던 장면이 떠오르곤 합니다. 당시 면접관 중 한 분이 인자한 웃음을 지으며 물어보셨습니다. 무리수가 실제로 있는 수인지, 만일 있다고 생각하면 뒤에 있는 화이트보드에 그림으로 나타내 보라고 했습니다.

학교에서 유리수와 무리수 전체를 실수(real number)라고 배웠기 때문에 실제 있는 수라는 것을 알고 있었습니다. 하지만, 정말로 있는 수인지 그리고 그림으로 어떻게 표현할지에 대해선 진지하게 고민해보지 않았던 터라 잠시 생각할 시간을 달라고 했습니다. 갑자기 삼각비가 머리에 스쳐 지나갔습니다. 긴 침묵의 시간이 흐르고 화이트보드에 세 각이 $30°$, $60°$, $90°$이고 빗변의 길이가 1인 직각삼각형을 그린 다음 삼각형의 높이($\sin 60°$)가 무리수라고 답했습니다.

직각삼각형과 무리수

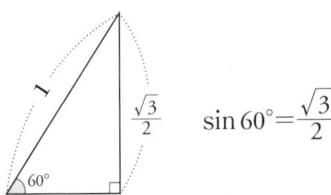

$$\sin 60° = \frac{\sqrt{3}}{2}$$

지금 생각해보면, 조금 더 쉬운 예로 간단하게 설명할 수 있었을 텐데요. 한 변의 길이가 1인 정사각형의 대각선의 길이가 바로 무리수인 $\sqrt{2}$ 입니다.

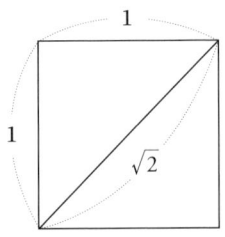

다음 그림에 한 변의 길이가 2인 큰 정사각형이 있고, 각 변의 중점을 꼭짓점으로 하는 파란색 정사각형이 있습니다. 파란색 정사각형의 넓이는 큰 정사각형 넓이의 절반인 2가 되겠군요. 파란색 정사각형의 한 변의 길이가 바로 $\sqrt{2}$ 가 되는 이유입니다.

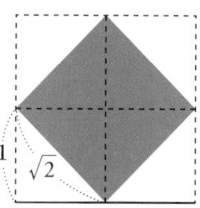

중학교 3학년을 담당하는 수학 선생님들에겐 아주 중요하면서도 어려운 무리수를 도입해야 하는 과업이 있습니다. 사실, 가르치는 선생님은 물론이고 학생들은 더 어렵지요. 하지만 무리수가 우리 주변에 실제로 존재하는 수이며, 그림으로 수를 나타낼 수 있다는 것을 분명히 기억해야 합니다. 저는 그래서 지금도 무리수를 가르치면서 과거의 제 경험을 녹여내 학생들에게 똑같은 질문을 합니다.

"무리수는 실제로 있는 수입니까? 실제로 있다고 생각한다면,
그림으로 나타내 보세요."

당연히 무리수를 수직선에 표현할 수도 있지요. 수직선은 유리수와 무리수로 구성된 실수를 나타내주는 아주 좋은 모델입니다. 즉, 수직선의 모든 점은 유리수와 무리수입니다. 수직선을 현미경

으로 들여다본다면, 빼곡하게 실수로 차 있습니다. $\sqrt{2}$ 인 점을 볼 까요?

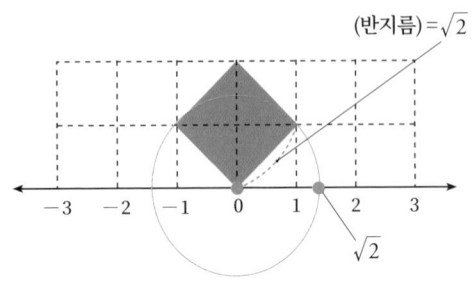

그런데, 재미있는 사실이 있습니다. 유리수는 수직선의 아무런 공간도 차지하지 않습니다. 수직선을 향해 다트를 던졌을 때, 우리 는 절대로 유리수를 맞힐 수 없습니다. 수직선에서 유리수가 차지 하고 있는 공간은 0%입니다. 무리수가 100%의 공간을 차지하고 있습니다. 유리수보다 무리수가 훨씬 더 많이 있다는 것이지요.

"무한은 다 똑같은 무한인 것처럼 보입니다. 그런데 무한에도 개수의 차이가 있습니다."

이쯤에서 궁금해집니다. 무한개가 있는 대상들의 개수를 어떻게 비교할까요? 무한히 많은 대상의 개수를 수학에선 '농도'라고 합니 다. 무한한 두 대상에서 일대일 대응의 규칙을 찾을 수 있으면, 농도가 같습니다. 예를 들어 자연수와 짝수는 모두 무한히 많지만, 1↔2, 2↔4, 3↔6, …과 같이 모든 자연수를 자연수 곱하기 2를 한 값과 짝지어주면, 자연수와 짝수는 정확히 하나씩 대응이 됩니다. 즉, 자연수와 짝수의 농도가 같습니다. 이처럼 무한의 세계에선 부분이 전체와 같은 경우가 생깁니다. 실제로 자연수, 정수, 유리수는 모두 같은 농도를 가지고 있습니다.

칸토어(1845~1918)

그렇다면, 실수의 경우는 어떨까요? 자연수와 일대일 대응을 찾을 수 있을까요? 수학자 칸토어(Georg Cantor, 1845~1918)는 대각선 논법으로 실수와 자연수 사이의 일대일 대응이 없다는 것을 보였습니다. 즉, 실수의 농도가 자연수보다 훨씬 크다는 것을 밝혀낸 것이죠. 그 이유는 바로 '무리수' 때문입니다.

심지어 그는 실수보다 농도가 더 큰 수의 집합이 있다는 것, 더 나아가 어떤 집합을 가져오든 그것보다 개수가 더 많은 집합이 반드시 있다는 사실을 증명해 무한의 개념을 정립하는 데 큰 업적을 남겼습니다.

"수학의 본질은 사고의 자유로움에 있다."

(The essence of mathematics lies in its freedom.)

칸토어가 남긴 말입니다. 수학의 세계에선 더 큰 집합을 얼마든지 상상할 수 있습니다. 가장 큰 집합이란 있을 수 없습니다. 아무리 크다고 해도 더 큰 것이 반드시 있습니다.

우리는 수의 비교를 통해 아무리 크다고 해도, 그것보다 큰 것이 있다는 것을 확인했습니다. 같은 논리로, 아무리 작다고 해도 그것보다 작은 것이 있겠죠. 따라서 크거나 작다고 규정하는 것 자체가 의미가 없는 일입니다. 동양 고전에 나오는 글들을 보면 이에 대한 내용이 많이 있습니다. 중국의 고전인 『맹자』의 진심장(盡心章)에는 '바다를 본 사람은 물을 말하기를 어려워한다.(觀於海者 難爲水)'라는 표현이 나옵니다.

이 말은 여러 가지 의미로 풀이됩니다. 무엇보다 바다를 본 자는 겸손한 마음을 가져야 하겠지요. 하지만 저는 바다를 봤다는 사실 자체가 중요하지 않다고 믿습니다. 작은 물줄기나 강물만 보았다 하더라도, 더 큰 물이 존재한다는 사실을 기억하고 있으면 됩니다. 비록 내가 경험하지 않았어도 바다의 존재를 믿고 있으면, 물에 대해 함부로 말을 할 수 없게 되지요.

1장. 무한

'성인의 문하에서 공부한 사람은 학문에 대하여 말하기 어려워한다.(遊於聖人之門者 難爲言)'라는 말도 이어서 나옵니다. 어떤 진리를 이렇게 깨닫게 된다면 그 범위와 크기에 대해 함부로 말할 수 없을 겁니다.

슈티펠(Michael Stifel, 1487~1567)은 근호를 이용한 거듭제곱과 지수표현법을 최초로 쓴 독일의 수학자인데요. 다음과 같은 말을 남겼습니다.

"무리수는 무한의 구름 속에 숨어 있다."

(An irrational number is hidden in cloud of infinity.)

시적인 표현이지요. 유리수보다 훨씬 더 많은 무리수가 있습니다. 하지만 우리가 무리수를 쓸 일은 거의 없지요. 인간사와는 동떨어져 있습니다. 사실, 우리의 인식 너머에 훨씬 더 많은 수가 무수히 많이 존재하는 것입니다. 눈에 보이는 것이 전부라고 착각하지 말기 바랍니다. 유한한 인생을 사는 우리는 무한한 세상의 모든 것을 경험할 수 없기 때문입니다.

아름답고 위대한 존재의 속삭임
조금 늦을 수도 있어요. 그래도 꼭 기다려주세요

$\int x$

산책하고 싶은 날이 있습니다. 슬쩍 지나가곤 하는 허전하고 쓸쓸한 마음을 조용한 산책길에 풀어놓을 수 있거든요. 제가 살고 있는 곳에서 10분만 걸어가면 근사한 산책 코스가 나옵니다. 언덕 위에 있는 고즈넉한 공원입니다.

퇴근하고 저녁을 간단히 먹은 다음 산책을 나갑니다. 운동화 끈을 묶고 상쾌한 기분으로 또 다른 하루를 시작합니다. 잔잔한 음악과 함께 천천히 걷기만 하면 됩니다. 이 모든 것들은 내 마음대로 누릴 수 있는 '행복'입니다.

낮엔 뜨겁지만 저녁이 되면 바람도 불고 시원합니다. 일몰 시간은 일 년 내내 거의 일정합니다. 주로 오후 7시 20분 즈음에 해가 지므로 7시 조금 전에 나가야 합니다. 시간대를 잘 맞춰 시원한 맥

주와 돗자리를 챙겨가 누워서 책을 읽기도 합니다. 오늘도 일몰 시간은 어김없습니다. 적도의 하늘이 점점 어두워집니다.

저는 문득 하늘 멀리에서 보이저 호를 찾아봤습니다. 적도에서는 보일 것 같았습니다.

40년도 더 지났군요. 1977년, '여행자'라는 이름의 우주탐사선 '보이저(Voyager)' 1호와 2호가 나란히 지구 밖으로 발사되었습니다. 2호가 먼저 발사되었고, 보름 뒤 1호가 따라갔습니다. 1호가 조금 늦게 떠났지만, 속도는 더 빠릅니다.

보이저 프로젝트의 주목적은 태양계 행성 탐사였습니다. 보이저 1, 2호는 시간차를 두고 나란히 목성과 토성을 지난 후, 서로 정반대 방향으로 나아갔습니다. 1호는 토성을 거쳐 태양계 밖으로 나갔고, 2호는 천왕성과 해왕성까지 탐사한 뒤 태양계 밖 먼 여행을 떠났습니다.

이들 두 탐험가는 실시간으로 행성의 정보들을 지구로 전송했습니다. 우리가 지금 알고 있는 행성들의 사진들은 대부분 보이저 호의 작품들입니다. 이들은 현재 지구에서 약 200억 킬로미터 떨어진 곳에 있지만 여전히 지구와 통신이 가능합니다.

보이저 1, 2호에는 지구와 인류에 대한 정보들이 실려 있습니다. 혹시 모를 외계 지적 생명체와의 조우를 대비해 인류의 메시지를 전하겠다는 발상을 한 것이죠. 골든 레코드(Golden Record)입니다.

Voyager the Grand Tour and beyond

VOYAGER 1

VOYAGER 2

NEPTUNE

MAR 5
Voyager 1 makes
its closest
approach to Jupiter

SEP 5
Voyager 1
launch from
Kennedy Space
Flight Center

NOV 12
Voyager 1 flies by
Saturn; begins trip
out of solar system

FEB 14
Last Voyager
image: Portrait
of the Solar
System

VOYAGER 1
VOYAGER 2

| 1977 | 1978 | 1979 | 1980 | 1981 | 1982 | 1983 | 1984 | 1985 | 1986 | 1987 | 1988 | 1989 | 1990 | 1991 | 1992 | 1993 | 1994 | 1995 | 1996 |

AUG 20
Voyager 2
launch from
Kennedy Space
Flight Center

AUG 25
Voyager 2 flies by
Saturn

JUL 9
Voyager 2 makes
its closest
approach to Jupiter

JAN 24
Voyager 2 has
the first-ever
encounter with
Uranus

AUG 25
Voyager 2 is first
spacecraft to observe
Neptune; begins trip out
of solar system, below the
ecliptic plane

Voyager 2
"observes"
Supernova 1987A

© NASA/JPL-Caltech

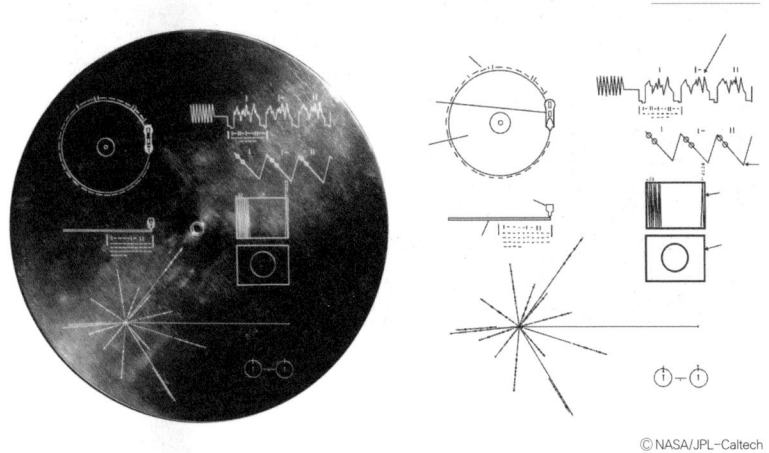

 NASA는 지구의 존재와 인류 문명을 대표할 수 있는 27곡의 음악, 지구와 생명의 19가지 소리, 환경과 문명을 보여주는 사진 118장, 55개국의 서로 다른 인사말들을 LP 레코드 판으로 제작해 보이저 호에 탑재했습니다. 한국인 여성이 녹음한 '안녕하세요'라는 인사말도 들어가 있습니다.

 골든 레코드 제작의 책임자는 『코스모스』의 저자인 천문학자 칼 세이건(Carl Sagan, 1934~1996)이었습니다. 인류의 메시지를 전하겠다는 발상은 매우 흥미로운 일이었습니다. 하지만 어떤 장면을 골라 담을지에 대해서는 고심을 했다고 합니다. 다음은 당시 칼 세이건이 남긴 말입니다.

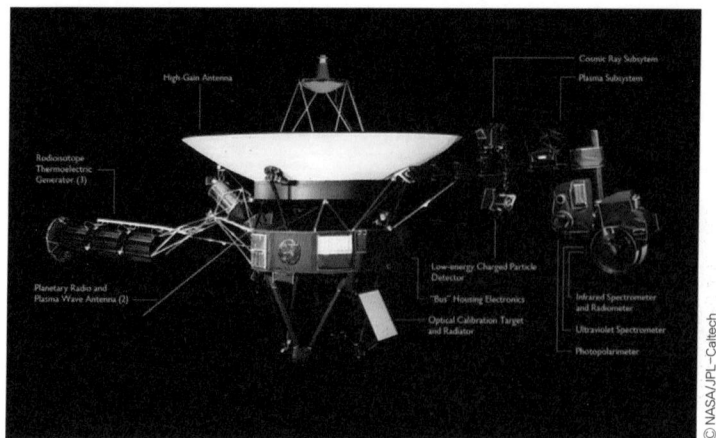

보이저 1호와 골든 레코드

$\cdot$ = | = 1

$\cdot\cdot$ = |— = 2

$\cdot\cdot\cdot$ = || = 3

$\cdot\cdot\cdot\cdot$ = |—— = 4

$\cdot\cdot\cdot\cdot\cdot$ = |—| = 5

$\cdot\cdot\cdot\cdot\cdot\cdot$ = ||— = 6

||| = 7

|——— = 8

|——| = 9

|—|— = 10

||—— = 12

||——— = 24

||——|—— = 100 = 10^2

|||||—|——— = 1000 = 10^3

2+3=5

8+17=25

$5+\dfrac{2}{3}=5\dfrac{2}{3}$

$\dfrac{1}{2}+\dfrac{1}{3}=\dfrac{5}{6}$

2×3=6

$\dfrac{1}{3}+\dfrac{1}{5}=\dfrac{8}{15}$

13×28=364

1$\underline{M}$ ⏱—1$\underline{t}$ ⏱

$1\dfrac{42}{100}+10^9\underline{t}=1\underline{s}$

$86400\underline{s}=1\underline{d}$

$365\underline{d}=1\underline{y}$

$6\times10^{23}\underline{M}=1\underline{g}$

$1000\underline{g}=1\underline{kg}$

$6\times10^{27}\underline{g}=1\underline{e}$

| 1$\underline{L}$ |

$\dfrac{1}{21}\underline{L}=1\underline{cm}$

$1\underline{L}=21\times10^8\underline{\text{å}}$

$10^2\underline{cm}=1\underline{m}$

$1000\underline{m}=1\underline{km}$

"앞선 문명만이 보이저 호를 만날 수 있고 이 레코드 판을 틀 수 있을 것이다. 그러나 이렇게 우주의 바다에 유리병을 던지는 것은 이 지구의 생명체들에게 크디큰 희망을 선사한다."

118장의 사진 속에서 인류문명사에 지대한 공헌을 한 '수학'을 찾을 수 있습니다. 숫자들과 간단한 연산들, 그리고 우리가 사용하는 단위들입니다.

인간의 생식 과정을 나타내는 그림들, 유전자의 정보가 담긴 DNA 구조, 악보 사진과 같은 상징적인 이미지와 시드니의 오페라 하우스, 중국의 만리장성, 대자연과 동물들의 사진들도 저장되어 있습니다. 웹사이트(https://voyager.jpl.nasa.gov/golden-record)에서 골든 디스크에 들어가 있는 이미지(images), 음악(music), 소리(sounds), 인사말(greetings)을 확인할 수 있습니다. 베토벤, 모차르트, 바흐의 음악들, 페루와 인도의 전통음악, 파도와 바람소리, 천둥소리, 기차 소리, 아기 울음소리… 이것들은 모두 지구의 속삭임입니다.

지구의 속삭임을 담고 우리 지구를 뒤로한 채 떠난 탐사선은 1990년 2월 14일, 태양계를 벗어나면서 아주 작은 점이 찍힌 사진 한 장을 전송했습니다. 바로 그의 고향, 지구입니다.

칼 세이건은 이 사진을 'PALE BLUE DOT(창백한 푸른 점)'이라고 표현했습니다. 보이저 탐험가가 보낸 사진 속 지구는 아주 작고

창백한 푸른 점

초라해 보입니다. 우리는 우주라는 광활하고 무한한 시공간에서 희미하게 보이는 작은 점, 단 한 순간을 살아갑니다.

이 작은 지구 행성에서 오늘도 많은 일이 일어나고 있습니다. 이 사실을 알고 있을까요? 보이저 쌍둥이 형제는 오늘도 우리와 점점 멀어지며 어두컴컴한 미지의 세상을 탐험하고 있습니다. NASA가 발표한 자료에 따르면, 두 여행자는 이미 태양권(Heliosphere)을 벗어나, 성간 우주(Interstellar)에 진입했습니다.

보이저 호와 지구의 통신은 앞으로 곧 끊길 것이라고 합니다. 그래도 이들은 지구의 속삭임을 싣고 끝없는 우주 여행을 계속할 것입니다. 만약, 이들이 생명체가 존재할 수 있는 다른 항성계에 도

1장. 무한

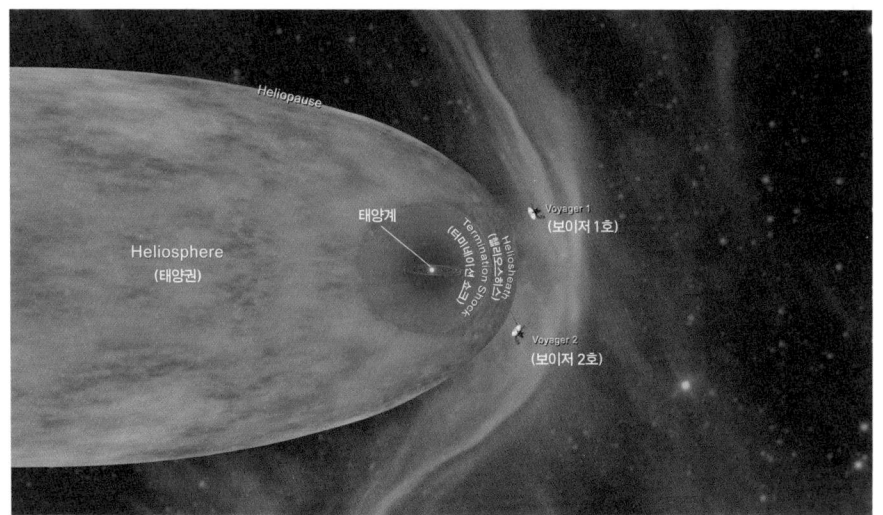

© NASA/JPL-Caltech

보이저 1호와 2호의 위치(2018년 12월)

달한다면 아마도 약 4만 년 정도가 걸릴 것이라고 합니다.

보이저 호에 탑재된 '지구의 속삭임'은 상징적인 의미일지도 모릅니다. 그러나 아주 오랜 시간이 흐른 뒤, 누군가가 지구인이 보낸 속삭임에 응답할 것이라고 믿습니다. 조금만 기다려 달라고 기도해봅니다.

과연, 그때가 되면, 우리 지구가 어떤 모습으로 변해 있을까요? 인류가 사라질 수도 있겠지요. 그래도 우리 인류는 영겁의 우주에 점 하나의 역사를 남겼습니다.

날이 금방 어두워져 캄캄한 밤이 되었습니다. 지금도 하늘엔 수

많은 빛의 신호들이 떠다닙니다. 오래전 누군가가 보낸 메시지이겠지요. 보이저 호는 앞으로 영원히 우리 인류의 아름답고 위대한 존재의 속삭임을 담고 무한한 우주를 향해 여행할 것입니다.

오늘 밤 보이저 호를 밤하늘이 아닌, 제 마음속에서 찾을 수 있었습니다.

2장

점

- 빈틈없이 아름다운 그대

소수, 우리는 모두 고고한 존재
당신은 어떤 소수입니까?

fx

수학은 수(數)를 다루는 학문입니다. 여러분들에게 가장 익숙한 수가 무엇인가요? 아마도 자연수일 것입니다.

$$1, 2, 3, 4, 5, \cdots$$

중학생이 되면 자연수에 대해서 배우게 됩니다. 덧셈, 뺄셈과 같은 단순한 계산을 의미하지 않습니다. 셀 수 없이 무한히 많은 수의 성질을 조금씩 공부해 나가는 것입니다.

1을 제외한 모든 자연수는 소수(素數)와 합성수(合成數)로 분류할 수 있습니다. 소수(素數)에 대해 알고 계신가요? 흔히 알고 있는 0.01과 같은 소수(小數)가 아닙니다. '素(바탕 소)' 자를 쓰는 자연수입니다. 글이나 예술 작품을 구성할 때 바탕이 되는 재료를 소재

(素材)라고 하지요. 합성수는 소수들의 곱으로 만들어지는 자연수입니다.

소수는 오직 1과 자기 자신으로만 나누어떨어지는 자연수입니다. 가장 작은 소수가 무엇일까요? 가장 작은 소수는 2입니다. 2는 오직 1과 2로만 나눌 수 있기 때문입니다. 10보다 작은 소수를 구해볼까요?

2, 3, 5, 7 총 네 개가 있습니다. 합성수는 두 개 이상의 소수의 곱으로 이루어진 수입니다. 4, 6, 8, 9는 각각 합성수입니다. 예를 들어 $6 = 2 \times 3$이지요. '소인수분해'라는 수학 용어를 기억하실 것입니다. 자연수를 구성하고 있는 소수들을 나열하는 것입니다. 곱하는 순서를 무시하면, 단 한 가지 방법으로 분해됩니다. 360을 소인수분해 해보겠습니다.

$$360 = 2 \times 2 \times 2 \times 3 \times 3 \times 5$$

곱셈의 관점에서 보면, 소수는 자연수를 이루는 성분입니다. 물질의 원소와 비슷한 개념입니다. 화학 시간에 원소 주기율표를 열심히 외우던 때가 생각납니다. 우리가 볼 수 없는 작은 원소들이 물질을 구성한다는 것이 마냥 신기하던 시절이었지요.

화학에서 수많은 분자식들의 반응에 대해 공부하지요. 궁극적으로는 분자식을 구성하고 있는 원소들을 연구하는 것입니다. 수학에서도 자연수에 대한 연구는 소수를 연구하는 것과 다르지 않습니다. 소수의 성질을 체계적으로 연구하는 수학의 분야가 바로 정수론(Number Theory)입니다.

가우스(1777~1855)

정수론을 수학의 한 분야로 정립시켜 놓은 수학자는 많은 사람들이 '수학의 황제'라고 칭송하는 독일의 수학자 가우스(Carl Friedrich Gauss, 1777~1855)입니다. 가우스는 정수론뿐만이 아니라 미분기하학, 해석학, 통계학, 천문학 등 많은 분야의 발전에 크게 기여했습니다. 지금도 그의 이론이 계속 연구되고 있을 정도입니다.

> "수학은 과학의 여왕이고, 정수론은 수학의 여왕이다."
>
> (Mathematics is the queen of science, and number theory is the queen of mathematics.)

가우스가 남긴 말입니다. 수학의 거의 모든 분야에 많은 공헌을 한 가우스는 특히 소수의 성질을 기반으로 하고 있는 정수론에 큰 애착을 갖고 있었습니다.

저는 첫 교직 생활을 중학교에서 시작했습니다. 신규 교사로 발령을 받고서 중학교 1학년 담임을 맡았습니다. 첫 출근을 하기 전날 밤잠이 잘 오지 않았던 기억이 납니다. 보통 새 학기 첫 시간은 학급의 학생들과 담임선생님이 만나는 시간이지요. 떨리는 마음으로 교실에 들어갔습니다. 출석부를 보고 한 명 한 명씩 이름을 부르고 인사를 했습니다. 그러고도 시간은 30분 이상이 남았습니다. 처음 만난 학생들에게 어떤 이야기를 들려줘야 할까요?

수학 선생님으로서 '수학'을 주제로 한, 삶의 지혜를 나누어 주어야 한다는 신념은 그때나 지금이나 변함이 없습니다. 저는 첫 학생들에게 소수 이야기를 해주었습니다. 수학 시간에 곧 배울 내용이지만, 이해하기 어렵지 않으므로 간단하게 설명해주었습니다. 소수의 개념이 중학교 1학년 과정에 나오기 때문에 적당한 주제였습니다. 결론부터 말씀드리면, 친구들을 나 자신과 같이 존중해주고, 작은 것을 소중히 여기라는 메시지였습니다.

타인이 있어야 내가 존재하는 것입니다. 학교에서는 공동체 생활에 대해서도 공부합니다. 나와 다르다고 생각하는 내 친구가 곧 나를 이루는 소수 같은 존재일지도 모릅니다. 친구들을 내 몸과 같이 존중해주어야 하겠지요.

학생들에게 눈을 감고 숫자를 하나씩 생각해놓으라고 말합니다. 학생들은 보통 10 이하의 자연수를 생각합니다. 가끔 두 자리 자연수를 생각하는 학생들이 있습니다.

생각한 숫자를 공개하는 시간. 2, 3, 5와 같은 소수를 생각한 학생들이 많습니다. 이들을 곱해 4, 6, 9, 10, 15와 같은 수를 만들어봅니다. 합성수이지요. 합성수를 생각한 학생들이 있습니다. 내가 생각한 숫자가 또 다른 숫자들의 곱으로 이루어진 것을 알게 됩니다. 소인수분해에 대한 이해가 자연스럽게 됩니다.

100000000, 1억입니다. 2와 5를 각각 여덟 개씩 모두 곱하면, 1억이 됩니다. 어떤 자연수가 아무리 크다고 하더라도, 아주 작은 소수들로 이루어져 있습니다. 작은 수도 여러 개를 모아 곱하면, 아주 큰 수가 됩니다. 작은 것을 소중하게 생각해야 합니다.

가끔 중국의 고전인 『중용(中庸)』의 일부 내용을 급훈으로 정해 사용하기도 합니다. 명필은 아니더라도, 붓글씨로 직접 써서 교실 뒤의 게시판에 붙여 놓을 때도 있습니다.

작은 일도 무시하지 않고 최선을 다해야 한다.

작은 일에도 최선을 다하면 정성스럽게 된다.

정성스럽게 되면 겉에 배어나오고

겉으로 드러나면 이내 밝아지고

밝아지면 남을 감동시키고

남을 감동시키면 이내 변하게 되고

변하면 생육된다.

그러니 오직 세상에서 지극히 정성을 다하는 사람만이
나와 세상을 변하게 할 수 있는 것이다.
- 『중용』 23장

학생들 앞에 선다는 것은 두려운 일이기도 합니다. 학생들에게
어떤 말을 해주기 이전에 내가 이미 그 말을 실천하는 주인공이 되
어 있어야만 하기 때문입니다.

　　1. 친구들을 나 자신과 같이 존중할 것
　　2. 작은 것을 소중히 여길 것

첫 시간에 담임으로서 학생들과 공유하기 좋은 교훈들입니다.
두 가지 메시지를 전하고 나면, 거의 한 시간이 다 갑니다. 당시 중
학교 1학년 학생들에게 얼마나 큰 의미가 있었을지는 잘 모르겠습
니다. 다만, 제자들에게도 가끔씩 그 시절의 잔상이 떠오르기를 바
랄 뿐입니다.

소수에 대한 이야기를 하고 있습니다. 소수는 얼마나 많이 있을

까요? 소수가 무한히 많다는 것은 이미 기원전 3세기 고대 그리스 시대에 유클리드가 저술한 『원론』에도 나와 있습니다.

혹시 『박사가 사랑한 수식』이라는 책을 보셨나요? 책 곳곳에 신비로운 소수의 성질이 잘 녹아 있습니다. 영화로도 나와 있습니다. 수학을 통해 세상과 교감하는 노(老) 수학자가 주인공입니다.

어린 시절, 노 수학자에게 수학을 배웠던 소년 '루트'는 성인이 되어 학교의 수학 선생님이 됩니다. 그는 학생들 앞에서 소수가 무한히 많다는 것을 낭만적으로 설명합니다. 영화 대사에 따르면, 우리 모두가 하나의 고고한 소수입니다.

영화 대사의 일부입니다.

소수는 아무것도 보태지 않은 본래의 자신이라는 뜻입니다.

즉 1과 자신 이외의 숫자로는 나눌 수 없는 정수, 2, 3, 5, 7, 11, 13… 이런 소수는 밤하늘에 빛나는 별처럼 한없이 존재합니다.

나는 여기 '독립자존(獨立自尊)', 요컨대 여러분 한 명 한 명과 같이 유일합니다. 무엇과도 타협할 수 없이 깨끗한, 고고함을 지켜나가는 숫자…

주인공 수학자의 집안일을 도와줄 가정부가 등장하는 장면에서

영화 〈박사가 사랑한 수식〉 중에서

수학자는 전화번호를 묻습니다. 가정부가 말한 전화번호가 576-
1455입니다. 5761455는 1과 1억 사이에 존재하는 소수의 개수였
습니다.

물론 우리에게 충분한 시간이 있으면, 1억보다 작은 소수를 모두
구할 수 있을 것입니다. 소수는 대체 어떤 규칙으로 나타나는 것일까
요? 소수의 분포는 불규칙적이기 때문에 최근까지도 수많은 수학자
들이 소수의 분포와 그 규칙성을 찾기 위한 연구를 하고 있습니다.

특히, 아주 큰 수에 대해서는 그 수보다 작은 소수가 몇 개가
있는지 정확하게 알아내기가 쉽지 않습니다. 가우스는 1부터 10
만 사이의 소수를 만 단위로 직접 헤아렸습니다. 1부터 1만까지
는 1229개가 있습니다. 그리고 1만부터 2만까지의 소수의 개수는

1229개보다 적으며, 그 뒤로 만 단위의 소수의 개수가 점점 줄어든다는 것을 발견하고 다음의 식으로 정리했습니다.

$$\frac{N}{1 + \frac{1}{2} + \frac{1}{3} + \cdots + \frac{1}{N}}\,(\text{개})$$

물론, 정확한 값은 아니지만, 소수의 개수가 대략 몇 개인지 알 수 있는 위의 식은 수학적으로 가치가 있습니다. 가우스는 더 나아가 '소수 정리(prime number theorem)'를 통해 비교적 더 정확하게 소수의 개수를 예측했습니다. '소수 정리'는 1부터 자연수 N까지의 소수의 개수가 $\frac{N}{\ln N}$과 거의 비슷하다는 정리입니다. 이 식에서 ln은 자연로그로, 오일러 수 e를 밑으로 하는 로그입니다.

소수의 성질 중에는 신기한 것들이 많이 있습니다. 혹시 골드바흐의 추측(Goldbach's conjecture)이라고 들어보셨나요? 골드바흐의 추측은 오래전부터 알려진 정수론의 미해결 문제로 2보다 큰 모든 짝수는 두 개의 소수의 합으로 표현할 수 있다는 내용입니다.

예를 들면, 4=2+2, 6=3+3, 8=3+5, …와 같이 말이죠. 얼마 전 어떤 수학자가 증명했다고 알려진 리만 가설 역시 소수의 분포와 밀접하게 관련되어 있는 미해결 문제입니다.

이제는 큰 자릿수의 수를 한번 살펴보겠습니다. 매우 큰 자연수가 주어졌을 때, 이 수가 소수인지 정확하게 판단할 수 있는 알고

리즘을 찾아낸다는 것은 수학자들에게 큰 의미가 있습니다.

$2^n - 1$꼴의 수가 소수가 되는 경우가 있는데, 이를 메르센 소수라고 합니다. 인류가 알고 있는 큰 자리의 소수들은 대부분 메르센 소수입니다. 지금까지 밝혀진 가장 큰 자리 소수도 역시 메르센 소수입니다.

컴퓨터를 이용해 메르센 소수를 찾는 단체인 Great Internet Mersenne Prime Search(GIMPS)에서 2018년 12월, 가장 큰 자릿수의 소수를 발견했습니다. 메르센 소수 $2^{82589933} - 1$입니다. 이 소수는 무려 2486만 2048자리의 수입니다. 소수는 무한히 많기 때문에 언젠가는 더 큰 소수가 발견되겠지요. 이 단체의 공식사이트(www. mersenne.org)에서 이 거대한 소수 전체의 모습을 확인할 수 있습니다.

다음 그림은 이 엄청난 소수의 마지막 부분입니다. 약 3천 자리 정도가 보이네요. 수 전체를 표현하려면, 수천 페이지가 필요합니다.

다음의 곱셈을 살펴보겠습니다.

$$63949 \times 29947 = 1915080703$$

곱한 두 수, 63949와 29947은 각각 소수입니다. 사실, 이 수들이 소수라고 판단하는 것조차 어렵습니다. 두 개의 소수를 곱하면 합성수인 1915080703을 얻을 수 있습니다. 곱셈은 계산기만 있으면, 쉽게 할 수 있는 연산이지요. 손으로 직접 곱해도 몇 분이면 가능합니다.

그런데 역으로 합성수인 1915080703이 주어졌을 때, 두 개의 소수를 찾아 소인수분해 하는 것은 매우 어려운 일입니다. 만일 더 큰 자릿수의 두 소수를 곱한 합성수라면 어떨까요? 소인수분해는 더 어려울 것입니다. 이러한 소인수분해의 어려움이 우리 실생활에 활용되고 있는데요. 바로 암호시스템의 보안성 부분에서 매우 중요한 역할을 하게 됩니다.

1977년 미국 MIT의 라이베스트(Ron Rivest), 샤미르(Adi Shamir), 애들먼(Leonard Adleman)에 의하여 개발된 RSA 암호체계는 현재까지도 잘 사용되고 있습니다. 애플 개발자들의 인증서 또한 이 방법으로 이루어져 있다고 합니다. RSA 암호시스템의 원리는 생각보다 간단합니다. 한번 볼까요?

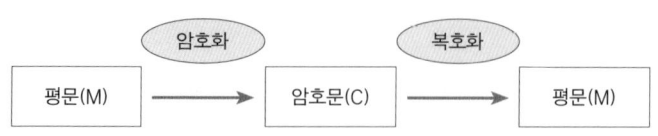

내가 상대에게 보내고 싶은 메시지를 평문이라고 하면, 이것을 암호문으로 만들어 보내고 다시 상대방이 평문으로 되돌리는 과정이 필요합니다. 먼저, 평문을 약속된 방법에 따라 숫자(M)로 바꾸어야 합니다. 이제, 이 숫자를 암호화하면 되는데, 여기서 소수가 쓰입니다.

큰 자릿수의 소수 p와 q를 임의로 선택합니다. 이 두 수는 비밀키 역할을 합니다. 그리고 이들을 곱해($p \times q = n$) 나온 n값을 구합니다. 이 수는 공개키입니다. 이제, n을 이용해 M을 암호화합니다. 암호문 C가 생성됩니다. 그리고 C를 상대방에게 보내는 것이지요. C를 받은 사람은 이미 알고 있는 p와 q를 이용해 M을 확인할 수 있습니다.

암호문을 만드는 과정에서 필요한 것은 n이었지요. 사실, n은 제3자에게 공개되어도 무방한 합성수입니다. 왜냐하면, n을 알고 있다고 하더라도, 자릿수가 크기 때문에 소인수분해 하기가 매우 어려워 p, q를 알 수 없기 때문입니다. 심지어 암호문을 만드는 사람이 p, q를 몰라도 되지요. 한 집단의 모든 구성원이 n값을 공유하고 암호문을 만들어 전달할 수 있습니다. 암호문을 만들고 전달하는 과정에서 n이 노출된다고 하더라도 아무런 문제가 없습니다.

다만, 메시지를 최종적으로 받은 사람만 비밀키인 두 소수 p, q를 이용해 암호문을 해독하는 것이지요. n값으로 보통 2진수로 나타내었을 때, 1024비트 이상의 매우 큰 자리의 수를 사용하는데, 컴퓨터를 이용해도 소인수분해를 하기 위해 몇 년이 걸린다고 합니다.

암호의 제작에서 해독까지 전체의 과정에서 정수론의 몇 가지 정리가 쓰이는데, 수학적으로 조금 어렵기 때문에 간단하게만 알아봤습니다. 다만, 두 개의 큰 소수만 있으면, 얼마든지 암호문을 만들어 상대방에게 전달이 가능하다는 기본 원리만 익히는 것으로 충분합니다.

정수론을 전공하는 많은 수학자들은 큰 수들의 소수 판정법과 소인수분해 방법에 대한 연구를 지속적으로 하고 있습니다. 그리고 이 연구 결과는 기업이나 군사 기밀 정보 보호에 활용되고 있습니다. 사실, 소수인지 여부를 판단하는 방법의 연구는 보다 안전한 암호화를 위해 필요한 연구이고, 소인수분해 방법에 대한 연구는 만들어진 암호를 해석하기 위해 필요한 연구라고 할 수 있습니다.

은하수

수학이 실생활에서 활용된다고 많이 들어봤을 것입니다. 수학 교과서에도 여러 예들이 나와 있지요. 그런데 우리가 인식할 수 있는 주변의 일들에서 수학이 어떻게 활용되고 있는지 찾기란 쉽지 않습니다. 상점에 가서 물건 값을 계산하는 정도에서만 활용된다고 생각할 수 있습니다. 하지만, 우리가 모르는 곳에서 어려운 수학들이 많이 이용되고 있습니다. 지금도 지구 주위를 떠돌고 있는 수많은 인공위성과 여러분들이 손에 들고 있는 스마트폰에는 복잡한 수학의 원리가 작동하고 있습니다.

영화 〈박사가 사랑한 수식〉의 대사를 다시 떠올려봅니다. 우리가 밤하늘에 빛나는 별과 같은 유일무이한 소수라면, 여러분은 얼마나 큰 자리의 소수인가요? 아직 발견되지 않은 수많은 미지의 별들과 같이 어두운 곳에서 나 홀로 빛을 발하며, 누군가가 찾아주기를 애타게 바라고 있는 소수가 있습니다. 여러분은 이미 빛나는 별입니다.

"친구들을 나 자신과 같이 존중해주고, 작은 것을 소중히 여겨라." 제가 첫 발령을 받은 학교에서 사용한 급훈입니다. 이제는 맨 앞에 한 문장을 더 추가합니다.

"유일하게 존재하는 고고한 나 자신이 되어라."

가장 작은 소수인 2부터 현재까지 인류가 알고 있는 가장 큰 소수인 2486만 2048자리의 $2^{82589933} - 1$까지 많은 소수들을 살펴봤습니다. '소수의 성질'을 연구하는 수학자들은 불규칙해 보이는 소수에 우주와 자연의 신비를 풀어낼 무엇인가가 숨겨져 있다고 믿고 있습니다. 신비로운 소수의 비밀이 풀리게 된다면, 인류의 지성은 한 차원 더 높은 곳으로 도약할 것입니다.

심플하게 산다는 것의 의미
덧칠할수록 본질이 가려집니다

fx

한국에서의 생활을 한 차례 정리하고 싱가포르로 이사와 살면서 지금까지의 제 삶이 복잡한 것들로 많이 덧칠되어 있었다는 것을 깨닫고 있습니다.

싱가포르는 주거비가 많이 듭니다. 지금 제가 살고 있는 곳은 방두 칸짜리 콘도입니다. 한국에서 살던 아파트의 절반 정도의 크기밖에 되지 않지만, 비용으로 치면 몇 배는 더 지불하고 생활합니다. 이곳에서는 필요한 만큼만 가지고 삽니다. 옷도 많이 필요 없습니다. 여름옷 몇 벌을 매일 깨끗하게 빨아 입으면 됩니다. 두꺼운 겨울옷이 없어 옷장은 늘 여유롭습니다.

최소한의 것들로 더 행복합니다. 책을 읽거나 글을 쓰기 위해서 커다란 서재가 필요한 것이 아니었습니다. 다만, 차를 마시고 조용히 생각할 수 있는 작은 공간으로 충분히 만족합니다. 심플한 삶의 중요성을 느끼고 있습니다.

한국에 있는 짐을 정리하면서 집안 구석구석에 있는 불필요한 물건들을 모두 버리고 왔습니다. 나름대로 정리를 잘 한다고 생각하고 살았지만, 산더미처럼 쌓여 있는 물건들을 버리면서 얼마나 소유에 집착한 채 복잡하고 정신없이 달려왔나 새삼 깨닫게 되었습니다.

우리가 진정으로 소유할 수 있는 것은 무엇일까요? 아마도 지금, 이 순간일 것입니다. 저는 오늘 저녁 사랑하는 가족들과 함께 한 식탁에 둘러앉아 담소를 나누면서 식사를 했습니다. 사랑하는 사람들과 함께 밥 먹는 것이 행복입니다.

요즘 '심플한 삶', '미니멀리즘'에 관심이 높아지고 있습니다. 서점에 가보면, 이와 관련된 책들도 많이 나와 있습니다. 아마도 심플하고 소박한 삶을 살아가고 있는 대명사는 스님일 것입니다. 선사의 방은 단순하고 간결합니다. 평생을 '무소유' 정신으로 사셨던 법정스님(法頂, 1932~2010)은 "주거 공간이 단순해야 정신 공간이 넓어진다."고 했습니다. 스님이 생활하셨던 방은 아주 작았습니다. 작은 책상과 책장, 몇 벌의 옷이 전부였습니다. 서양인들도 미니멀리즘에 관심이 많습니다. 불교에 심취했던 애플의 창업자 스티브 잡스는 저택에 최소한의 물품만을 들였다고 합니다.

혹시 수학이 심플한 삶과 충분히 관련되어 있다는 것을 알고 계신가요? 제가 매일 학생들과 함께 고민하고 있는 수학이 바로 심플한 삶을 위한 수단과 방법을 제시해주고 있습니다. 수학 학습이 꼭 필요한 이유 중 하나입니다.

새 학기가 시작되면, 학생들과 마찬가지로 교사들도 설레고 긴장됩니다. 저는 첫 만남, 첫인상이 무엇보다 중요하다고 생각합니다. 제가 첫 수업 시간에 학생들과 나누는 몇 가지 수학 주제들 중의 하나를 소개해드리고 싶습니다.

첫 시간은 주로 학생들과 상호 소개를 한 다음, 바로 칠판에 다음과 같은 문제를 써가면서 수학 공부와 삶에 대한 담론을 나눕니다. 우리가 평소에 본질을 흐리게 만드는 불필요한 생각이나 행동을 하게 되는데, 이에 대한 반성이 필요하다는 명제를 이끌어낼 수 있습니다.

| 문제 | 다음을 만족시키는 x의 값을 모두 구하시오.

$$\sqrt{x+2} = x$$

① 0   ② 2   ③ −1   ④ −1 또는 2

이 문제는 중학교 3학년 정도의 수학 지식만 있으면 풀 수 있습니다. 외국의 대입 자격시험 중 하나인 SAT 수학 시험에 자주 출제되는 유형의 문제이기도 합니다. 여러분도 한번 풀어보시겠어요?

아마도 잘 푸셨으리라 봅니다. 정답은 2번이지만, 제 경험상 많은 학생들은 4번을 답으로 고릅니다. 이들은 다음과 같은 방법으로 문제를 풉니다.

| 풀이 | $\sqrt{x+2} = x$의 양변을 제곱하면,

$x+2 = x^2$이며,

식을 정리해 방정식을 풀면,

$x^2 - x - 2 = 0$

$(x+1)(x-2) = 0$

$x = -1$ 또는 $x = 2$

심지어 선택지에 있는 숫자들을 차례로 하나씩 대입해보면 정답을 쉽게 찾을 수 있습니다. 혹시 손쉽게 풀 수 있는 문제를 어렵게 풀어 틀린 답을 고르지는 않았나요? 이 문제를 풀기 위해서는 보다 심플한 접근이 필요합니다.

$x = -1$은 답이 되지 않습니다. 대입을 해보면 쉽게 확인할 수 있습니다. 풀이 과정에서 불필요하게 양변을 제곱했기 때문에 나타난 허구의 답입니다. 사실 그래프를 그려보면, 답을 시각적으로 쉽게 확인할 수 있습니다.

$y = \sqrt{x+2}$ 와 $y = x$의 그래프를 하나의 좌표평면에 같이 그려보겠습니다. 다음 그림에서 빨간색 그래프가 $y = \sqrt{x+2}$의 그래프이고, 파란색이 $y = x$의 그래프입니다. 두 그래프가 만나는 점의 x값이 해가 됩니다. $x = 2$ 하나밖에 보이지 않습니다.

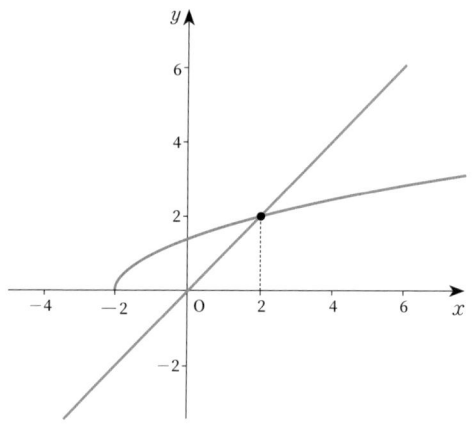

그렇다면, 제곱을 해서 만든 두 개의 식 $y = x+2$와 $y = x^2$의 그래프를 확인해볼까요?

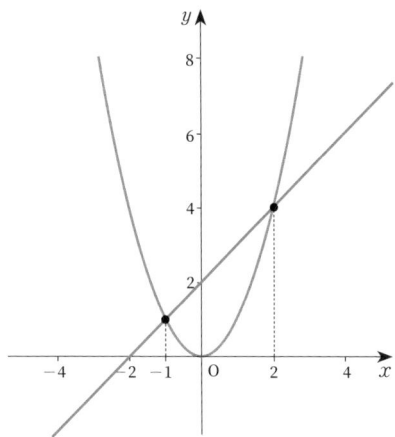

만나는 점이 두 개이고, x의 값들 역시 $x=2$와 더불어 $x=-1$
까지 생겼습니다. $x=-1$은 본질이 아닙니다. 우리가 복잡하게 만
들어놓은 식에서 나온 가짜 답입니다. 가짜 답이 나온 근본적인 원
인은 문제에서 주어진 식을 우리가 불필요하게 제곱을 했기 때문
입니다.

설령, 제곱을 했다고 하더라도 반드시 도출한 답을 원래의 식에
대입해보거나, 그림을 그려서 검토해야 합니다. 검토한다는 것이
핵심입니다.

제가 첫 수업 시간에 학생들과 같이 나누는 또 다른 문제를 소개
해드립니다.

[문제] 다음을 만족시키는 x의 값을 모두 구하시오.

$$\frac{x^2-1}{x-1}=-2$$

① 0   ② 1   ③ -3 ④ -3 또는 1

앞의 문제와 마찬가지로 외국 대학교의 입학 자격시험인 SAT 수학 시험에 자주 등장하는 유형의 문제입니다. 이 문제도 중학교 3학년 정도의 수학 지식만으로 풀 수 있습니다. 한 번 더 도전해보시겠습니까?

이 문제의 정답은 3번이지만, 대부분의 학생들은 4번을 답으로 생각합니다. 보통은 다음과 같은 방법으로 문제를 풀게 됩니다.

[풀이] $\frac{x^2-1}{x-1}=-2$의 양변에 $x-1$을 곱하면,

$x^2-1=-2(x-1)$이며,

식을 정리해 방정식을 풀면,

$x^2+2x-3=0$

$(x+3)(x-1)=0$

$x=-3$ 또는 $x=1$

이 문제도 마찬가지로 선택지에 있는 숫자들을 차례로 하나씩 대입해보면 답을 쉽게 찾을 수 있습니다. 즉, $x=1$을 대입해보면, 등호의 왼쪽에 있는 식이 $\frac{0}{0}$*이 되기 때문에 $x=1$은 답으로 적절하지 않습니다.

위의 풀이에서 주어진 식에 $x-1$을 곱해주었지만, $x=1$은 $x-1$을 0으로 만들기 때문에 결과적으로는 0을 곱해준 것입니다. 처음부터 주어진 문제에 잘못된 덧칠을 한 것입니다.

이 풀이 과정은 반드시, 반성을 전제로 할 때만 옳습니다. 수학 공부에서 반성이 중요한 이유가 바로 여기에 있습니다.

폴리아(George Pólya, 1887~1985)는 현대의 수학 문제 해결 연구에 지대한 영향을 준 헝가리 출신의 수학자입니다.

그는 심리적으로 그물과 같이 연결된 문제 해결 과정을 네 단계로 간단하게 정리했습니다. 그림(80쪽)을 통해 설명이 가능합니다. 가장 첫 번째 단계는 '문제의 이해'입니다. 문제를 해결하고자 한다면 반드시 제시된 문제를 이해해야 합니다. 그다음 단계는 문제를 해결하기 위한 '계획을 세우는' 단계입니다.

---

* 수학에서 분모가 0인 분수는 어떤 한 값으로 정할 수 없습니다. $\frac{B}{A}$ 꼴의 분수에서 $A=0$일 때, $\frac{B}{A}$의 값을 한번 생각해봅시다. 먼저 $A=0$, $B\neq0$인 경우에 $\frac{B}{0}=k$라고 한다면, $B=0\times k$가 되어야 하는데, 이것은 항상 옳지 않습니다. 즉, k값은 없습니다. 또한, $A=0$, $B=0$인 경우에 $\frac{0}{0}=k$라고 한다면, $0=0\times k$를 만족시키는 k값이 무수히 많이 있습니다. 따라서 수학에서는 분모가 0인 분수를 생각하지 않습니다.

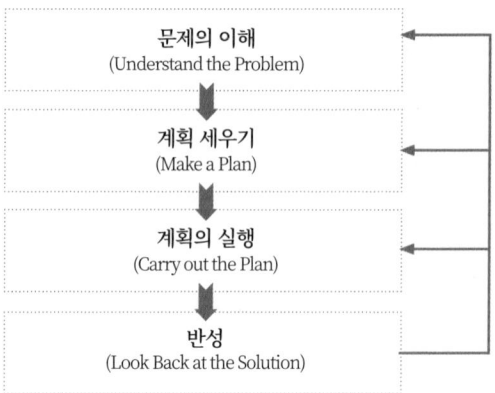

폴리아의 문제 해결 단계

문제의 이해
(Understand the Problem)

계획 세우기
(Make a Plan)

계획의 실행
(Carry out the Plan)

반성
(Look Back at the Solution)

계획을 세웠으면, '계획을 실행'해야 합니다. 문제를 본격적으로 푸는 단계입니다. 문제를 다 풀고 난 후, 마지막으로는 반드시 '반성의 단계'를 거쳐야 합니다. 이 단계에서 문제 해결의 전 과정을 점검할 수 있으며(화살표 확인), 이를 통해서만이 성공적인 문제 해결이 가능합니다.

폴리아는 '반성의 단계'를 통해 정답을 도출할 수 있으며, 뿐만 아니라 반성은 수학 지식을 보다 견고하게 기억 속에 저장할 수 있는 마법의 단계라고 했습니다. 수학 문제를 풀고, 이를 통해 수학을 학습하는 비법(秘法)이 다름 아닌 '반성의 단계'에 숨어 있습니다. 후다닥 문제를 풀고 답만을 도출하는 식의 공부는 지양해야 합

2장. 점

니다. 앞에서 예로 든 두 개의 문제 해결 과정에서도 '반성의 단계'를 거친다면, 실수하지 않고 옳은 답을 고를 수 있습니다.

'반성'이 주는 이로움은 수학에만 있지 않습니다. 반성하는 삶은 우리의 인생을 더 풍요롭게 만듭니다. 우리가 세상을 만나는 방식 중에 여행이 있지요. 여행을 통해 다른 세상을 직접 경험하고, 전보다 더 나은 사람으로 성장하기도 합니다. 가끔 세계 곳곳을 많이 여행했지만 마음의 여유가 전혀 없는 분들을 만나게 됩니다. 더 넓은 세상과의 만남이 '반성의 단계'를 거치지 않았기 때문일 것입니다. 반성 단계를 거치지 않게 되면, 어떤 경우에도 우리는 성장할 수 없습니다.

앞에서 두 가지 문제의 예를 통해 처음부터 심플한 풀이를 할 수 없어 누더기처럼 여기저기 잘못된 덧칠을 하고 결국 오답을 고르게 되는 경우를 살펴봤지요?

수학 문제의 풀이나 증명에서는 심플하고 간결한 답을 최고로 칩니다. 수학을 하는 사람들은 아름답고 우아하며 심플한 답을 늘 동경합니다. 그러나 문제 해결과 관련되지 않은 비본질적인 것들이 본질을 희미하게 만들기 때문에 심플한 풀이는 오히려 어렵습니다. 하지만 우리에게는 풀이 과정을 되돌아볼 수 있는 '반성(Look Back)'의 단계가 있습니다. 반성을 통해 궁극적으로는 심플하고 깔끔한 풀이와 같은 결과를 지향할 수 있습니다.

현대인들이 심플한 삶을 산다는 것은 매우 어렵습니다. 우리가 해야 할 일과 사람들의 관계가 얽히고설켜 있습니다. 조금만 방심을 하면 주변의 물건들은 계속해서 쌓이고, 복잡한 마음의 짐이 늘어만 갑니다. 그렇다면 심플한 삶을 어떻게 추구해야 할까요? 단지 적게 소유하고, 적게 소비하는 것으로 만족해야 할까요? 저는 매 순간 우리의 삶을 뒤돌아보고 반성하는 것이야말로 심플한 삶의 또 다른 의미라고 생각합니다.

영혼이 잘 따라오고 있는지 확인하는 것입니다. 인디언들은 말을 타고 달리다가 가끔씩 말을 세우고, 뒤를 돌아보는 습관이 있다고 합니다. 걸음이 느린 영혼을 배려하는 행동입니다. 말을 타고 빠르게 이동하면서 아직 쫓아오지 못한 영혼을 기다려주는 것이죠.

'영혼을 기다려주는 인디언의 말 타기'는 수학 문제 풀이의 '반성의 단계'에 해당합니다. 수학 문제 풀이를 지도하다 보면 본인이 무슨 문제를 푸는지도 모른 채, 복잡한 수식을 늘어놓아 시험지만 새카맣게 변하는 경우를 봅니다. 심지어 이곳저곳에 중구난방으로 풀게 되고, 빈 공간이 없어 결국 책상을 종이 삼아 문제를 풀기도 합니다. 이런 경험이 혹시 있으신가요?

가능한 한 깔끔하게 풀이를 하는 것은 물론이고, 가끔씩 문제 풀이를 멈추고 생각의 과정을 뒤돌아봐야 합니다. 문제 해결과 관계없는 수식들만이 차고 넘쳐흐르고 있지는 않나요? 저 멀리서 외롭게 본질이 나를 찾고 있을지도 모릅니다. 인디언들처럼 뒤를 돌아보면서 본질을 더듬고 찾아야 합니다.

　인생은 단 한 번의 추억 여행이라고 합니다. 아름다운 여행 중에 우리의 소중한 추억을 뒤돌아보고 잠시 쉬어가는 일, 심플한 삶을 위한 또 다른 방법이 될 것입니다.

아침 해가 쨍하면, 오후엔 비가 옵니다
때론 이성보다는 직관의 힘을 믿어봅시다

fx

대학원 시절, 대학교의 구내식당에서 점심을 먹고 있었습니다. 평소와 달리 학생들의 체험학습과 제법 큰 학술대회가 겹쳐 식당 안은 상당히 붐볐습니다. 한참 밥을 먹고 있는데, 소란한 식당 틈에서 백발의 노신사가 같이 먹자며 옆자리에 합석을 했습니다. 처음에는 타 학과의 교수님인 줄 알았습니다. 간단히 인사를 나누고 식사를 하며 이런저런 이야기를 나눌 수 있었습니다. 선생님은 평생교육원에서 『논어』, 『맹자』, 『주역』과 같은 동양철학을 강의하시는 분이었습니다.

그 짧은 만남이 인연이 되어 그다음 학기 평일 오전 시간에 개설된 그분의 강의를 수강하게 되었습니다. 강좌명이 독특했습니다. '도덕경과 주역'. 노자의 『도덕경』은 읽어봤는데, 『주역』은 하나도 몰랐습니다. 지금 생각해보면, 노자의 『도덕경』과 고전 『주역』을 융합하는 어려운 수업이었습니다. 선생님도 학생도 상당한 수준의 견문이 필요했지요. 가을 햇살을 받으며 첫 수업을 듣기 위해 높은 언덕에 위치한 강의실에 도착했습니다.

열 분 정도가 앉아 계셨는데, 모두 할아버지, 할머니들이셨습니다. '도덕경과 주역'은 두 학기 강좌로 지난 학기와 이어지는 강의였습니다. 젊은 사람이 신입으로 들어오니, 다들 신기해하셨습니다. 제 소개를 하는 시간을 가졌습니다. 어르신들은 젊은 친구가 동양철학 강의를 들으러 왔다고 반갑게 맞아주셨습니다. 매주 손수 싸오신 간식을 나누어주시기도 하고, 제가 사양을 했지만, 선생님이라고 불러주시면서 갓 서른 넘은 청년을 잘 챙겨주셨습니다.

높고 파란 하늘을 배경으로 짙은 노란색 은행잎들이 바람에 흔들리고 있던 어느 날, 우리는 강의실에서 선생님을 기다리고 있었습니다. 그런데 갑자기 휴강이 되었습니다. 선생님께서 급한 일이 생기셨나 봅니다. 일찍부터 모였지만, 아쉽게도 발길을 돌려야 했습니다.

책과 노트를 챙겨 넣으려는 순간, 갑자기 할아버지 한 분이 뒤돌아보시면서 저에게 수업을 해달라고 하십니다. 재미있는 이야기, 수학 이야기 아무거나 다 좋다고 하셨습니다. 그냥 웃어넘기려고 했습니다. '수학'은 우리가 배웠던 노자의 『도덕경』이나 고전 『주역』의 세계관과는 사뭇 다른 내용들입니다. "대교약졸(大巧若拙, 큰 솜씨는 서툰 듯하다)", "성공한 곳을 당장 떠나 실패한 곳으로 가라." 와 같은 담론이 오간 교실에서 방정식이나 함수를 논할 수 없었습니다.

물론 '미적분 내용을 초등학생에게도 가르칠 수 있어야 한다.' 는 생각을 하고 있었지만, 당황했습니다. 당시 선생님이 그 어려운 『도덕경』과 『주역』을 우리에게 설명해주셨듯이, 수학의 비밀을 최대한 쉬운 언어로 설명할 수 있어야 한다는 부담감이 들었습니다. 갑자기 부탁을 받은 그 상황에서 어르신들이 저를 보고 환하게 웃고 계셨습니다. 이 기회가 다시는 오지 않을 것이라는 직감이 들었습니다. 그래서 우선 강단으로 나갔습니다.

모두에게 익숙한 날씨 이야기를 하면서, 일상생활에서 충분히 사용하는 수학인 일기예보와 확률에 대해 알기 쉽게 설명을 해드렸던 기억이 납니다. 일기예보는 보통 통계적 확률에 기반하고 있습니다. 기상청엔 슈퍼컴퓨터가 여러 대 있습니다. 슈퍼컴퓨터는 과거에 있었던 기상 데이터들과 현재의 구름, 바람의 상황들과 같은 데이터를 바탕으로 기상 예측을 합니다.

비가 올 확률이 90%라는 것은 현재와 유사한 상황에서 과거에는 10번 중 9번은 비가 왔다는 것입니다. 어디까지나 확률이 그렇다는 이야기입니다. 비가 올 확률이 90%라고 하더라도 비가 안 올 수도 있습니다. 가능성을 수치화한다는 것에 의미가 있습니다.

날씨 이야기를 하니, 어떤 분은 비가 오는 날을 맞힐 수 있다고 하시면서 '허리가 아프면 비가 온다.'고 하셨습니다. 그런데 이것은 과학적으로 입증이 되었다고 합니다. 비가 오는 날의 저기압과 고기압의 차이 때문이라고 하죠.

어떤 어르신이 하신 말씀이 아직도 생각납니다.

"이틀 비 오면, 다음 날은 비가 안 와. 살면서 사흘 내내 비가 오는 것을 못 봤어."

맞습니다. 슬픔도 기쁨도 오래 가지 않습니다. 삶의 짙은 경험에서 우러나온 말입니다. 어찌되었든, 우리 인간의 선택과 판단, 예측에는 자기만의 이유가 있습니다. 경험에서 우러나온 직관이나 영감의 영역에서 이루어지는 것입니다. 확률 이야기를 하다가 제가 오히려 어르신들에게 인생에 대한 지혜를 배웠습니다.

내일 비가 오는 것은 오늘 비가 온 것과 별개의 일입니다. 날씨가 변덕스러운 싱가포르에선 더욱 그렇습니다. 마치, 가위바위보 게임을 하는 것과 같습니다. 친구와 가위바위보 게임을 한다고 생각해봅니다. 내가 이겼다고 해서 그다음은 상대방이 이긴다고 확신하지 못합니다. 내가 이길 가능성과 상대방이 이길 가능성은 언제나 똑같습니다. 앞의 게임의 결과가 그다음 게임의 승패에 아무런 영향을 주지 못합니다. 확률 용어로 독립시행이라고 합니다.

가위바위보 게임을 열 번 한다고 가정해보겠습니다. 우연히 아홉 번 다 내가 이겼습니다. 마지막엔 어떤 결과가 나올까요. 수학적으로는 내가 이길 확률과 상대방이 이길 확률이 모두 $\frac{1}{3}$로 같습니다.(비길 확률도 $\frac{1}{3}$입니다.) 아홉 번 다 내가 이긴 결과가 열 번째 결과를 예측하는 데 전혀 도움을 주지 못합니다.

만일, 이 내용을 그 당시 어르신들에게 말씀드렸다면, 어떤 반응을 보이셨을지 생각해봅니다. 이성인 수학으로 판단하지 않으시고, 직관으로 생각하셨을 것입니다. 두 가지 판단이 가능합니다.

게임이 이상할 수도 있습니다. 사전에 미리 승부가 조작되었을 가능성이 있지요. 공정한 게임이 아닙니다. 게임의 룰이 비정상적인 겁니다. 이 경우에는 이성으로만 판단을 할 수 없겠지요. 열 번째도 당연히 내가 이길 것 같습니다.

그런데 만일 정상적인 게임이라면, 이젠 상대방이 이길 때가 되지 않았을까요? 머리에서 수학이나 확률 지식이 논리적으로 작용하지 않습니다. 이틀 비가 오면, 그다음 날은 비가 안 온다는 사고방식과 유사합니다. 우리가 하는 판단의 이유는 제각각입니다. 이성의 영역에서 고민을 해야 하겠지만, 결정적인 순간에서는 이성 아닌 직관이 작용하는 것 같습니다.

2장. 점

수학의 확률론에서 우리가 얻을 수 있는 다른 차원의 깊은 지혜입니다. 내가 계속 이긴다면, 내 상태와 게임의 룰을 다시 점검하고 반성하거나, 이제 곧 상대방이 이길 때가 되었음을 인식하는 것입니다. 수학 교과서에서 이런 지혜를 명시적으로 다룰 수 없습니다. 경험에서 나올 수 있는 인생의 지혜이기 때문입니다.

프로 야구를 보면 가끔 결정적인 순간에서 대타가 나옵니다. 감독은 과거 비슷한 상황에서의 결과를 분석할 것입니다. 축적된 데이터를 통해 짧은 시간에 어떤 선수를 기용할 것인지 결정해야 합니다. 그런데 사례가 많지 않을 경우엔 감독의 느낌이나 직관에 의존할 수밖에 없습니다. 대타 선수들의 타율이나 출루율도 중요하지만, 선수의 컨디션, 상대 투수와의 관계, 날씨 등과 같은 상황을 날카롭게 판단해야 합니다. 직관의 영역은 축적된 데이터 이상의 작용을 할 것입니다.

제가 사는 이곳 싱가포르는 비가 많이 옵니다. 일주일에 두세 번은 비가 내립니다. 일기예보엔 보통 비 올 확률 50%라고 되어 있습니다. 특히 비가 더 자주 오는 우기의 일기예보는 큰 의미가 없습니다. 긴 장마와 폭우, 폭염 등, 요즘에는 전 세계 곳곳에 이상 기후 현상이 더해져 날씨를 예측하는 것이 점점 더 어려워지고 있습니다. 그렇지만 낮에 비가 올지 예측하는 나만의 방법이 있습니다. 아침에 구름 한 점 없이 맑은 날은 반드시 낮에 비가 내립니다. 반대로, 아침에 흐리거나 비가 오면, 낮엔 맑습니다.

눈이 부시도록 맑은 아침으로 시작하는 날은 오후에 비가 옵니다. 싱가포르에 일 년 넘게 살면서 누적된 나만의 데이터와 느낌으로 내린 결론입니다. 기상청 슈퍼컴퓨터의 빅데이터는 훨씬 더 많은 자료를 갖고 있겠지만, 제가 본 구름의 색깔과 비가 오기 전 얼굴을 스쳐가는 바람의 느낌, 공기의 향기는 모를 것입니다. 제 직관을 믿어봅니다.

구글에서 개발한 바둑 인공지능 알파고(AlphaGo)와 이세돌 9단의 대국을 기억하고 있을 것입니다. 다섯 차례의 대결이었습니다. 이세돌 9단은 첫 세 판에서 패합니다. 바둑을 사랑하는 사람들은 모두 충격에 빠졌습니다. 인류가 인공지능에 무너지는 것 같은 기분이 들었습니다. 내리 세 판을 진 이세돌 9단은 오히려 편안하게 그다음 게임에 임했다고 합니다. 그리고 제4국에서 극적인 승리를 하게 됩니다. 아무도 예상하지 못한 단 하나의 백돌, 78수 때문이었습니다.

알파고를 만든 구글 개발진은 네 번째 게임의 승리를 결정한 '백 78수'가 실제로 나올 확률을 계산했습니다. 무려 0.007%의 확률이었습니다. 데이비드 실버 박사는 "이런 희박한 확률을 찾아낸 인간의 두뇌에 감탄했다. 진짜 신의 한 수였다."고 말했습니다. 유럽의 프로바둑 기사 판후이는 이세돌 9단이 인공지능 알파고에 '신의 한 수'를 던진 순간을 "신의 한 수, 직관의 극적인 섬광"으로 표현했습니다.

실제로 이세돌 9단은 긴 생각을 하지 않고 돌을 놓았다고 했습니다. 바둑돌 하나를 올려놓을 때 손에서 느껴지는 느낌을 생각해봅니다. '바둑판 모양을 보고, 바둑알을 집는 순간'의 느낌, 이는 수십만 가지의 수를 읽어내는 인공지능에게 없는 고수의 직관입니다. 알파고는 유일하게 이세돌 9단에게 1패를 하고 은퇴했습니다. 알파고를 뒤이을 인공지능이 앞으로 또 나타나겠지요. 그러나 우리 인간은 '직관'을 가지고 있기 때문에 희망이 있습니다.

'직관'은 수학 문제 풀이에도 많은 도움이 됩니다. 수학 문제 해결은 직관으로 시작해 이성과 논리로 마무리되는 고도의 사고 과정입니다. 문제를 해결하는 방법에 착수할 때, 과거에 내가 풀어봤던 경험과 감(感)은 풀이 과정에 대한 아이디어를 제공합니다. 비이성(非理性)의 영역이 중요한 역할을 하는 겁니다. 수학 문제를 진지하게 풀어본 사람은 공감하시겠지요. 문제가 풀리지 않다가 어느 순간 나도 모르게 갑자기 문제 해결의 실마리가 풀리는 경우가 있습니다. 아하! 하고 무릎을 치게 되죠. '아하(Aha)'를 경험한 것입니다.

독일의 심리학자 퀼러(Wolfgang Köhler, 1887~1967)가 '아하 현상'

이라는 형태심리학 용어를 제시했습니다. 쾰러는 침팬지가 있는 실험실에서 바나나를 높게 달아놓았습니다. 뛰어서 닿을 수 없는 높이였습니다. 침팬지들은 계속 뛰어 바나나를 먹고자 했지만 실패합니다. 한 침팬지가 뛰는 것을 멈추고 한쪽에 놓여 있던 상자를 바나나 밑에 가져다놓고 올라가 뛰어 목적을 달성하게 됩니다. 이후 다른 침팬지들도 따라 했습니다.

쾰러 박사는 바나나를 더 높은 곳에 매달아놓고 실험을 했습니다. 그러자 원숭이들은 막대를 이용해 결국에 성공합니다. 이처럼 문제 해결에 성공하지 못하고 있다가 갑자기 실마리를 찾게 되는 현상을 '아하 현상(Aha phenomenon)'이라고 합니다. 아르키메데스가 목욕탕에서 외쳤던 '유레카'도 비슷한 맥락입니다. 그래서 아하 현상을 유레카 효과(Eureka effect)라고도 합니다.

인지심리학자들은 아하의 경험과 유레카의 순간을 논리적으로 설명하지 못합니다. 다만, 체계적이고 이성적인 추론이라기보다 새로운 관계를 지각할 수 있는 직관적 사고에 의한 통찰이라고 해석할 뿐입니다. 수학 문제 해결에서도 주로 직관적 사고에 의해 갑자기 문제 해결의 방법이 떠오르는 경우가 많습니다. 이 과정 역시, 이성적으로 해석이 불가능한 영역입니다.

직관의 힘을 기르기 위해 할 수 있는 일을 생각해봅니다. 나만의 사례를 늘려가는 것은 어떨까요? 경험을 많이 해야 한다는 것과 다르지 않습니다. 수많은 경험 속에서 나만의 원칙을 찾을 수 있습니다. 선택과 행동에 대한 자기만의 이유를 하나씩 찾아가는 것이지요.

한국과 마찬가지로 싱가포르에서도 맛있는 음식점을 찾는 사람들의 심리는 비슷한가 봅니다. 저녁시간만 되면, 집 근처의 맛집 앞은 긴 줄을 선 사람들로 북새통입니다. 한 시간은 기다려야 합니다. 그래도 사람들은 웃으면서 차례를 기다립니다. 저는 가끔 퇴근길에 이 군중의 대열에 참여해봅니다. 맛있는 음식을 먹고 싶은 생각도 당연히 있지만, 긴 줄을 같이 서 있으면서 느끼게 되는 저녁 무렵 적도의 공기와 고소한 냄새들이 제 직관을 조금씩 자극해주리라 믿기 때문입니다.

어떤 일을 앞두고 망설이고 계신가요? 조금이라도 감이 오면, 한 번 시도해봅시다. 도전해본 사람만이 현장에서 느낄 수 있는 깊은 울림을 마음속에 저장할 수 있습니다. 이렇게 차곡차곡 쌓인 나만의 이유들이 견고한 직관이 되어, 삶의 풍성한 지혜로 작용하게 될 것입니다.

인생의 진정한 감독은 우연

생을 바꿀 만한 '우연'이 우리를 기다립니다

fx

비가 오면 영화 한 편이 생각납니다. 가끔 다시 보는 영화이기도 합니다. 얼마 전에도 냉동실에 살짝 얼려둔 시원한 맥주를 마시며 추억 영화를 감상했습니다.

저에게 〈번지점프를 하다〉는 그야말로 인생 영화입니다. 2001년 개봉작입니다. 당시 저는 군인이었습니다. 휴가를 나와 군복을 입고 여자 친구와 함께 봤습니다. 가슴 설레었던 그날의 기억이 생생합니다. 뉴질랜드의 대자연을 배경으로 잔잔한 음악과 함께 엔딩 크레딧이 올라갈 때, 쉽게 자리를 뜨지 못했습니다.

영화는 시원한 빗소리로 시작됩니다. 소나기가 쏟아지던 어느 날, 이병헌(서인우 역)의 우산 속으로 이은주(인태희 역)가 우연히 뛰어듭니다. 이병헌의 연기는 말할 필요가 없죠. 눈빛으로 대사를 전달하는 대한민국 최고의 배우입니다. 무엇보다 배우 이은주의 순수하고 사랑스러운 매력이 이 영화의 백미라고 생각합니다. 둘은 빗속에서 우연히 만나 영원히 사랑하게 됩니다. 아마 20년이 지난 지금도 그 어딘가에서 사랑을 이어가고 있을 것 같습니다.

'우연'에 대한 글을 쓰고 있으니, 한 편의 영화가 더 생각납니다. '우연'이 우리 인생에 미치는 영향을 담담하게 그려낸 〈리스본행 야간열차〉입니다. 비가 오는 스위스 베른의 이른 아침, 노령의 고전문헌학 교사인 남자 주인공은 출근하면서 우연히 다리 위에서 자살을 시도하는 젊은 여인을 만나게 됩니다. 필사적으로 자살을 막았습니다. 그녀는 빨간 코트를 남긴 채, 바람처럼 어디론가 훌쩍 떠나버렸습니다. 그 코트의 주머니에는 오래된 책 한 권과 리스본행 야간열차 티켓이 있었습니다.

그는 용기를 냈습니다. 평소에 시도해보지 못한 '일탈'을 합니다. 스위스 '베른'에서 포르투갈 '리스본'까지 야간열차를 타게 됩니다. 리스본에는 아주 많은 일들이 그를 기다리고 있었습니다.

물리학을 이루는 양대 기둥이 있습니다. 상대성 이론과 양자역학입니다. 상대성 이론은 행성과 같이 사이즈가 큰 물질의 물리학을 다룹니다. 아인슈타인의 이론이죠. 양자역학은 양자 수준의 아주 작은 미시세계를 다루는 물리학입니다. 양자역학이 바로 '우연'

에 바탕을 둔 이론입니다. 양자역학에 따르면, 물질의 위치나 속도는 구체적인 값으로 측정할 수 없습니다. 다만, 확률적으로 예측만 가능합니다. 철학적으로 보면, 확률론적 결정론으로서 이전까지의 사조였던 절대론적 결정론과 대비됩니다. 깊게 들어가면 어렵고도 재미있습니다.

아마 "신은 주사위 놀이를 하지 않는다."는 유명한 말을 들어봤을 것입니다. 아인슈타인의 어록입니다. 아인슈타인은 '신의 주사위 놀이'에 비유해 양자역학의 논리를 부인했습니다.

주사위를 한번 던져볼까요? 어떤 숫자가 나올지는 우연에 의해 결정됩니다. 특정한 숫자가 나오도록 조작할 수 없습니다. 축구경기에 앞서 심판이 양 팀의 주장을 세워놓고 동전을 던지는 장면을 보셨나요? 공수 위치를 정하는 것이죠. 우연에 맡기는 것입니다.

우연히 일어나는 일의 가능성을 수치화한 것이 바로 수학에서의 확률입니다. 확률 개념은 정의하기에 따라 여러 가지가 있는데, 보통 수학적 확률과 통계적 확률을 말합니다. 동전을 던졌을 때, 앞면이 나올 확률은 $\frac{1}{2}$, 뒷면이 나올 확률 역시 $\frac{1}{2}$이지요. 동전 던지기를 이용해 두 가지의 확률 개념을 알아보겠습니다.

수학적 확률을 먼저 살펴봅니다. 수학적 확률은 이론적인 경우의 수를 따지는 것입니다. 전체 경우의 수와 관심 있는 사건이 나오는 경우의 수의 비율이 바로 수학적 확률입니다. 동전을 던지면 앞면과 뒷면만 나오죠. 전체 경우의 수가 2입니다. 앞면 또는 뒷면의 경우는 각각 1이므로, 앞면이 나올 확률도 $\frac{1}{2}$, 뒷면이 나올 확률도 $\frac{1}{2}$입니다.

주사위를 던졌을 때, 짝수의 눈이 나올 확률은 어떻게 계산할까요? 전체 경우의 수가 6가지, 짝수의 눈이 3가지가 있으므로, 수학적 확률은 $\frac{3}{6}$, 즉 $\frac{1}{2}$이 되겠죠.

그러나, 수학적 확률 이론은 실제와 다릅니다. 동전을 10번 던지면 모두 앞면이 나올 수도 있죠. 또 다른 확률 개념이 필요합니다. 통계적 확률입니다. 던지는 시행 횟수 대비, 어떤 사건이 일어나는 비율이 통계적 확률입니다. 이번에는 동전을 10번이 아니라 수없이 많이 던져볼까요? 한번 해보시겠습니까?

만 번 정도 던지면, 대략 5천 번 정도는 앞면이 나옵니다.

동전을 던지는 시행을 많이 할수록 결과적으로 절반 정도는 앞면, 나머지 절반은 뒷면이 나오게 됩니다. 통계적 확률이 수학적 확률의 값과 같아지게 됩니다. 이것을 큰 수의 법칙이라고 합니다. 큰 수의 법칙에 의하면, 통계적 확률은 수학적 확률과 다르지 않게 됩니다. 무한한 시행을 반복하지 않아도, 경우의 수만 실수 없이 잘 세면 확률을 계산할 수 있는 것이죠. 교과서에서 다루는 확률 개념은 바로 수학적 확률입니다.

동전을 의미 없이 무작정 많이 던지는 것은 재미없는 일입니다.

시행 횟수가 많으면 통계적 확률이 수학적 확률의 값과 비슷하다는 것을 윷놀이를 하면서 확인할 수 있습니다. 앞면과 뒷면이 나올 가능성이 같은 윷가락 네 개를 던질 때, 나오는 모든 경우의 수는 16가지입니다(5가지가 아닙니다. 아래 그림을 한번 보세요). 도, 개, 걸, 윷, 모 중에서 개가 나올 수학적 확률이 $\frac{6}{16} = \frac{3}{8}$ 으로 가장 큽니다. 실제로 던져보면 개가 많이 나옵니다. 윷놀이를 할 때, 개가 가장 많이 나오는지 잘 살펴보기 바랍니다. 윷놀이 승패보다 더 재미있습니다.

윷놀이에서 개가 나올 확률이 $\frac{3}{8}$ 이 된다는 것은 수학 시험에나

윷놀이의 확률

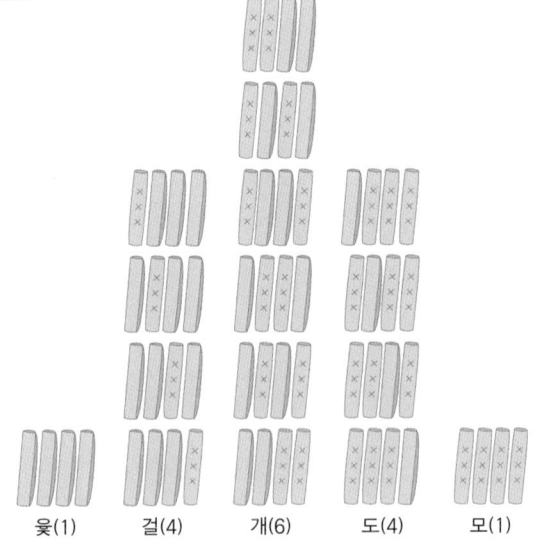

윷(1)   걸(4)   개(6)   도(4)   모(1)

2장. 점

나올 만한 문제입니다. 다만, 여기에서는 윷가락을 던졌을 때, 도, 개, 걸, 윷, 모가 나오는 것이 내 의지와 전혀 상관없는 일이라는 것을 강조하고 싶습니다. 모든 것이 우연입니다.

윷가락 네 개를 한꺼번에 던지는 순간의 손의 힘과 방향에 따라 결과는 바뀝니다. 축구 시작 전 심판이 왼손으로 동전을 던지는가, 오른손으로 던지는가에 따라서 공수 진영이 바뀌고 또 게임의 결과가 바뀔 수 있습니다.

인생은 우연한 만남으로 가득 차 있습니다. 스위스 베른에서 우연한 사건으로 리스본행 야간열차를 탄 남자 주인공은 리스본에서 운명 같은 여인을 만나게 됩니다. 우연한 만남입니다. 그가 리스본에서 경험한 아주 많은 일들을 정리하고 다시 스위스로 돌아오는 기차를 타기 위해 플랫폼에 서 있습니다. 기차에 오르는 주인공을 바라보는 리스본 여인의 마지막 대사가 흘러나옵니다.

"Why don't you just stay?"
(그냥 여기서 지내시지요?)

우연한 사건들로 인해서 인생이 전혀 다른 방향으로 바뀌는 경우를 많이 봅니다. 누구에게나 운명과도 같은 우연한 만남이 찾아옵니다. 비 오는 날 우산 아래에서 우연히 만나 사랑을 싹틔우기도 하며, 또 전혀 모르는 새로운 세상에 이끌려 인생의 동반자를 만나기도 합니다. 아마도, 인생의 진정한 감독은 우연이 아닐까요?

"인생의 진정한 감독은 우연이다."

우연히 만난 인연에 감사하고 그 인연을 잘 가꾸어 나가야 하겠습니다. 사실, 우연한 사건엔 운이 너무도 많이 작용합니다. 운에 대해서는 드릴 말씀이 없습니다. 다만, 운이야말로 예측 가능하다는 누군가의 어록을 소개합니다.

"행운은 충분히 예측할 수 있다. 더 많은 행운을 바란다면, 더 많은 모험을 하라. 보다 더 적극적으로 세상과 만나라."

I've found that luck is quite predictable. If you want more luck, take more chances. Be more active. Show up more often.

- 브라이언 트레이시(Brian Tracy)

예측을 할 수 없는 것이 인생이지만, 자신을 더 자주 드러내고 오감을 열어놓아야 운도 따라온다는 의미로 받아들입니다. 마음을 활짝 열어놓아야지만, 빗속의 우산 아래에서 행운을 만날 수 있습니다.

　마음을 비우고 침착하게 기다리십시오. 분명히 생각지도 못한 곳에서 희소식이 들려올 것입니다.

　과연, 오늘은 어떤 우연이 우리를 기다리고 있을까요?

시련과 재도전,
언젠가 만나게 될 눈부신 태양
어둠 속에서 더 예리한 칼날을 갈 수 있습니다

$$\int x$$

1993년 6월의 어느 날, 수백 명의 수학자들이 영국 케임브리지 대학교의 아이작 뉴턴 연구소에 모였습니다. 수학사에 길이 남을 역사적인 순간을 함께 하기 위해서입니다. 한 수학자가 350여 년 동안 수많은 수학자들을 괴롭혔던, '페르마의 마지막 정리'를 증명하는 순간이었습니다.

프랑스의 법관이자 수학자였던 페르마(Pierre de Fermat, 1607~ 1665)는 고대 그리스 수학자 디오판토스(Diophantus)의 저서인 『산

OBSERVATIO DOMINI PETRI DE FERMAT.

Cubum autem in duos cubos, aut quadratoquadratum in duos quadratoquadratos & generaliter nullam in infinitum vltra quadratum potestatem in duos eiusdem nominis fas est diuidere cuius rei demonstrationem mirabilem sane detexi. Hanc marginis exiguitas non caperet.

페르마가 1637년에 남긴 글

술(Arithmetica)』을 읽으면서 책의 여백에 많은 주석을 남겨놓았습니다. 그 주석들은 수학적으로 독창적인 아이디어가 풍부했습니다.

여러 개의 주석 중에서 단 하나만을 제외하곤 모두 옳다는 사실이 페르마 사후에 밝혀졌습니다. 그것은 페르마가 1637년에 남겨놓은 앞의 문장입니다. 수학에서 가장 유명한 미해결 문제로 남아 있었던 '페르마의 마지막 정리(Fermat's Last Theorem)'입니다.

페르마가 남겨놓은 문장을 수식을 이용해 다시 표현하면 다음과 같습니다.

3 이상의 자연수 n에 대해서 $a^n + b^n = c^n$을 만족시키는 자연수 a, b, c가 존재하지 않는다. 나는 이것을 경이로운 방법으로 증명했지만, 책의 여백이 좁아서 여기에 옮기지는 않는다.

페르마의 마지막 정리는 300년이 넘게 당대 최고의 수학자들에게 도전과 절망을 안겨주었습니다. 어떤 수학자는 평생을 이 문제에 몰두하다가 비참하게 생을 마감하기도 했습니다. 그러나 영원한 미해결 문제는 없나봅니다.

영국 출신의 프린스턴 대학교 수학 교수인 앤드루 와일즈(Andrew Wiles, 1953~)에 의해 '페르마의 마지막 정리'의 비밀이 풀리게 된 것입니다. 아이작 뉴턴 연구소에 있던 와일즈 교수는 마지막 수식의 마침표를 찍은 후 분필을 놓으며 이렇게 말했습니다.

"이쯤에서 끝내는 게 좋겠습니다."

사실, 와일즈는 7년여 만에 대중 앞에 나타났습니다. 그는 자신이 페르마의 마지막 정리 증명에 도전한다는 것을 동료들에게 숨겼습니다. 긴 시간을 아무런 논문도 발표하지 않고, 연구실과 집의 다락방에서 숨어 지냈습니다. 사람들은 그가 학계를 떠난 것이라고 생각했습니다.

와일즈 교수가 200페이지가 넘는 방대한 분량의 논문을 들고 자신의 모교인 케임브리지 대학교에 나타났을 때, 동료들은 얼마나 놀랐을까요? 사흘에 걸쳐 진행된 강연을 들은 수학자들은 모두 와일즈의 증명이 옳다고 생각했습니다. 그러나 두어 달 뒤 그의 증명 과정 일부분에서 사소한 오류가 발견되었습니다. 와일즈 교수는 오류를 확인하고 무척 담담했다고 합니다. 사소한 오류이므로 손쉽게 수정할 수 있으리라 생각했습니다. 그러나 그것은 심각한 것이었습니다.

그의 증명에 문제가 있다는 사실이 빠르게 퍼져 나갔습니다. 몇 달이 지나도록 해결할 수 없었습니다. 와일즈 교수의 심정이 어땠을까요? 여러 번의 시도와 실패가 반복됐습니다. 그는 앞서 이 문제에 도전했다가 실패한 수많은 수학자들을 생각하며, 결국에는 그들과 같이 포기하게 될 것이라는 두려움에 심한 절망감을 느꼈을 것입니다.

그러나 결국 와일즈 교수는 프린스턴 대학교에서 그가 지도했던 제자와 함께, 오류를 수정한 논문을 완성하게 됩니다. 무려 1년이 넘게 걸렸습니다. 와일즈 교수는 훗날 BBC 특별 프로그램에 출연해 당시의 이 암흑과 같이 긴 터널에 대한 설명을 하면서 울먹였습니다.

말로 설명하기 힘든 순간이었고, 정말 포기하고 싶었다고 합니다. 그런데 포기하기 직전에 이르렀을 때, 이 부분을 피해갈 중대한 발상이 떠올랐다고 합니다. 일본의 수학자 타니야마와 시무라가 발표한 모듈러 형식에 관한 내용을 보다 엄밀하게 증명을 하는 것이었습니다. 드디어 1995년에 '페르마의 마지막 정리'의 완벽한 증명이 저명한 수학 저널《수학 연보》특별판에 수록되었습니다.

그는 증명의 오류 수정 과정까지 합하면, 총 8년여를 두문불출하고 한 가지 문제만 생각했습니다. 그의 회고록에 다음과 같은 말이 나옵니다.

"저는 8년 동안 한 가지 문제만 생각했습니다. 아침에 일어나서 잠자리에 들 때까지 단 한시도 그 문제를 잊은 적이 없었습니다. 한 가지 생각만으로 보낸 시간치고는 꽤 긴 시간이었지요. 저의 여행은 이제 끝났습니다."

그는 인생의 최전성기에 마치 수도승처럼 아침에 일어나서 잠자리에 들 때까지 한 문제에만 몰두했습니다. 이 과정은 매우 비밀스럽게 진행되었습니다. 연구 결과들을 여러 뭉치로 나누어 보관하고, 아내에게만 진행 상황을 털어놓았다고 합니다.

350년의 난제를 완벽히 해결하기 위하여 어둠 속에서 8년간 사투를 벌인 것입니다. 와일즈 교수의 다음과 같은 말을 감상해보시죠.

"한 사람이 어두운 아파트 안으로 들어갔다고 상상해봅시다. 칠흑같이 어두운 아파트 말입니다. 처음에는 아무것도 보이지 않으니 이리저리 가구에 부딪혀 넘어지면서 갈피를 잡지 못하겠지요. 하지만 이런 시행착오를 거듭하다 보면 어둠 속에서도 가구의 위치들이 점차 머릿속에 그려질 겁니다.

이런 식으로 6개월을 지낸 뒤에 드디어 그 사람은 전등의 스위치를 발견하고 불을 켭니다. 그러면 모든 것이 일목요연하게 드러나면서 자신이 서 있는 위치가 어디쯤이었는지를 정확하게 알게 되겠지요. 그런 뒤에 또다시 옆집으로 들어갔다고 합시다. 역시 칠흑같이 어두운 집입니다. 그는 여기서도 6개월의 시간을 보낸 뒤에 전등의 스위치를 발견합니다. 무언가 극적인 발견이 이루어지는 거죠. 이때 느끼는 흥분감은 아주 순간적인 것일 수도 있고, 경우에 따라서는 하루나 이틀 정도 지속되기도 합니다.

어쨌거나 이러한 흥분감은 암흑 속에서 긴 시간을 보낸 경험을 한 사람들만이 느낄 수 있습니다. 그것은 지난 세월에 대한 최고의 보상이지요. 겪어보지 않은 사람들은 아마 잘 모를 겁니다."

- 위키피디아

어둡고 긴 터널을 지나야 하는 시련이 누구에게나 찾아옵니다. 하지만 담대하게 이겨낸다면, 나를 기다리고 있는 또 다른 기회를 만날 것입니다. 어둠 속에서 더 날카롭게 칼날을 갈 수 있습니다. 큰 뜻을 이루기 위해서 땔나무 위에 누워 쓰디쓴 쓸개를 맛본다는 '와신상담(臥薪嘗膽)'의 교훈입니다. 길고 긴 수학사에서 수학자들의 와신상담 사례가 수도 없이 많은데, 비교적 최근의 일인 페르마의 마지막 정리의 증명 과정을 소개해드렸습니다.

제게도 비슷한 경험이 있습니다. 박사학위 논문 작성의 착수 단계에서 정말 많은 시도와 실패가 있었습니다. 2년 남짓 공부해놓은 것들을 논문 주제로 활용할 수 없게 되었습니다. 정말 논문을 써야 할지 말아야 할지가 고민되더군요.

어느 늦가을 날, 논문 세미나를 마치고 하염없이 대학 캠퍼스를 돌아다녔습니다. 비가 부슬부슬 내리는 밤이었습니다. 어둡고 긴 터널의 입구에 있다는 것을 직감했습니다. 저는 터널로 걸어 들어갔습니다. 반 년 정도를 홀로 숨어서 무뎌진 칼날을 갈았습니다. 논문을 쓰기 위해 찾아놓은 자료들을 조금 더 객관적으로 읽고 또 읽었습니다.

결국 제가 지도교수님을 설득할 만한 논리를 갖추지 못했다는 것을 깨달았습니다. 제 능력의 부족함이 가장 컸고 또 어쩌면, 제가 전공한 수학교육이라는 학문의 본성을 잘못 파악한 것일 수도 있습니다. 모든 것을 포기하고 싶었습니다.

논문의 주제를 과감하게 바꾸었습니다. 이듬해 스승의 날에 지도교수님을 찾아뵙고, 새로운 주제에 관해 진지한 대화를 나누었습니다. 결코 버려지는 노력은 없었습니다. 초기에는 융합 교육에 대한 내용을 공부하고 있었지만, 이는 "연결(connection)"을 다룬 새로운 논문의 내용을 전개하는 과정에서 큰 도움이 되었습니다.

학위 과정은 실수와 한계의 인식, 그리고 새로운 도전의 반복이었습니다. 제 경우에는 어둠의 터널에서 칼날을 가는 시간이 비교적 짧았습니다. 이 시간이 어떤 사람들에게는 평생이 되기도 하는데 말입니다.

아마도 사람이 처한 상황에 따라서 조금씩 다를 것입니다. 아주 잠깐의 시간일 수도, 끝이 보이질 않는 아주 길고 어두운 터널이 될 수도 있습니다. 다만, 긴 터널을 통해서 화려한 부활의 시간에 보다 더 성장한 내가 되어 있기를 바랄 뿐입니다.

2020년은 아마 오래 기억될 것 같습니다. 우리는 코로나19라는 신종 감염병 때문에 몇 달간 학교에 갈 수 없었습니다. 아무것도 모르는 불확실한 상황에서 온라인 수업을 통해서만 세상과 만났습니다. 아직도 어둡고 긴 터널에 들어와 있습니다. 얼마나 더 가야 끝이 보일까요? 우리는 이 상황을 어떻게 받아들이고 또 무엇을 해야 하는 것일까요?

두려워하지 마십시오. 감사한 마음으로 받아들이기 바랍니다. 어둡고 외로운 시간들이야말로 깊은 내공을 만들 수 있는 기회입니다. 당신도 언젠가는 더 멋진 모습으로 눈부신 빛을 향해 뚜벅뚜벅 걸어 나오게 될 겁니다. 어둡고 긴 터널을 지나 대중 앞에 선, 와일즈 교수처럼 말이지요.

2장. 점

시장에선 명품을 팔지 않습니다
튼튼한 배를 깊고 넓은 바다에 띄우기 바랍니다

fx

한 학기의 마침표를 찍을 즈음, 여름 방학을 코앞에 두고 학교에서 제법 많은 일이 일어났습니다. 『주역』에서 배운 '미완의 완성'이라는 화두를 즐길 수 있는 충분한 시간이었습니다. 역시 고전의 향기는 시공을 초월해 지금 여기에서도 살아 숨쉬고 있습니다.

제가 가르치고 있던 12학년(고3) 학생들 대부분은 여름 방학이 시작되기 한 달 전에 한국으로 나갔습니다. 정확히 말하자면 특례 입시 준비 학원에 갔습니다. 11학년(고2) 학생들 역시 기말고사가 끝난 직후에 체험학습을 내고 한국의 학원으로 떠납니다. 놀랄 만한 일이 아닙니다. 한국의 학원 시스템은 전 세계에서 최고로 잘 되어 있습니다.

시간이 지천으로 남았습니다. 수업 시간에 한두 명이 앉아 있습니다. 수학 이야기, 인생 이야기가 허심탄회하게 오고 갔습니다. 한 달을 그렇게 보냈습니다. 자연스럽게 고민 상담이 이루어집니다. 몇 명이서 대화하기에는 교실이 너무도 넓고 또 에어컨 바람은 차갑습니다.

복도에 의자를 꺼내놓고 자유롭게 앉아서 대화합니다. 한국의 학교를 생각하면 안 됩니다. 자연을 느낄 수 있는 베란다 식의 복도입니다. 하늘로 뻗어 올라간 나무의 이파리들이 바람에 이리저리 흔들립니다. 적도의 따뜻한 바람이 대화의 여백이 되어줍니다.

싱가포르에서 여러 사람들과 개인적으로 대화를 많이 나눠봅니다. 다른 사람은 어떤 생각을 하면서 적도의 뜨거운 태양을 즐기고 있을까 궁금했습니다. 학생들에겐 저마다의 고민들이 있습니다. 간혹 생각이 무척 깊고 넓은 친구들과 대화할 수 있는 행운이 주어지기도 합니다.

"삶은 멀리서 보면 희극, 가까이서 보면 비극이다."

영화배우 찰리 채플린(1889~1977)의 말을 생각합니다. 삶의 진실은 멀리서 보면 잘 보이질 않습니다.

이곳은 공부를 할 수 있는 시스템이 한국의 학교와 비교할 수 없을 만큼 훨씬 잘되어 있습니다. 여기서 말하는 공부는 주입식으로 암기하고 기계적인 문제 풀이를 반복하는 무미건조한 것이 아닙니다. 인류의 역사와 철학, 학문의 통섭과 융합을 가르치고 배울 수 있는 절호의 기회가 곳곳에 넘쳐나고 있습니다. 희극입니다. 그런데 잘 관찰해보면, 이 기회를 올바로 활용하지 못하고 있습니다. 비극이겠죠.

과연 누가 비극을 만들어내는 것인가, 분명히 성찰해야 합니다. 크고 좋은 배를 탔으면, 깊고 넓은 바다로 나아가 끝없는 수평선을 향해 항해하고 때로는 거센 파도에 맞서야 마땅합니다. 그런데 작은 저수지에서 단 한 치의 앞만을 내다보며 너무도 아까운 시간을 낭비하고 있는 경우를 많이 봅니다. 튼튼한 배는 깊고 넓은 바다에 띄워야 합니다.

한 학생이 일상에 대해 깊게 성찰하고 삶의 의미를 공유할 수 있는 친구들이 별로 없어 고민을 하고 있었습니다. 우리 학교는 규모가 작기 때문에 사례가 부족하다는 식으로 대화가 마무리되었습니다. 앞으로 상급 학교나 사회에서 더 좋은 친구들을 많이 만나라는 위로의 말을 나눌 수밖에 없었습니다.

삶의 의미를 찾고자 고민하고 노력하는 학생에게서 희망을 봅니다. 너무 많은 것을 바랐던 것일 수도 있습니다. 인생을 살다 보면, 때와 장소가 잘 맞지 않아 고민하게 되는 경우가 많이 있습니다.

시장에선 명품을 팔지 않습니다. 명품을 팔지 않는 시장을 탓할

나침반

순 없습니다. 긍정의 메시지가 필요했습니다. 비록 시장에 있더라도 내가 명품이 되면 된다는 다소 허무한 이야기를 할 수도 있습니다. 그러나 이건 조금 무책임한 말입니다.

저는 명품의 소중한 가치를 파울로 코엘료의 소설 『연금술사』에서 찾고 싶습니다. 양치기인 스페인 청년 산티아고, 그는 꿈속의 보물을 찾기 위해 긴 여행길에 오릅니다. 산티아고는 집시 여인과 늙은 왕을 만나고, 도둑을 만나 빈털터리가 되기도 합니다. 사랑하는 여인을 만나기도 하고, 사막에서 죽을 고비를 넘기기도 합니다. 그리고 보물을 계속 쫓아가라는 연금술사의 충고를 따라 마침내 '자신의 보물'을 찾게 되는데 보물이 있던 장소는 먼 이집트의 피라미드가 아니라 바로 여행을 처음 시작했던 곳이었습니다.

2장. 점

허무한 결말의 소설이 결코 아닙니다. 파울로 코엘료는 보물을 찾기 위한 긴 여행길에서 숱한 경험을 한 산티아고를 통해 우리에게 "용감해져라, 위험을 감수해라, 어떤 것도 경험을 대체할 수 없다."라는 메시지를 던지고 있습니다.

지금 내가 있는 장소나 처한 환경은 중요치 않습니다. 앞으로 크고 튼튼한 배를 만들어 넓은 바다에 띄울 날이 분명히 올 겁니다. 보물을 찾기 위해 지금 여기서 할 수 있는 노력을 다 해야 합니다. 가까운 곳에서 분명 보물을 찾을 수 있겠죠? 그러나, 내 옆에 있는 보물을 찾기 위해 떠나는 먼 여정은 어쩌면 인간의 숙명인지도 모릅니다. 결국, 모든 사람들은 긴 여행 끝에 언젠가는, 가장 먼 곳이 바로 이곳이었다는 사실을 깨닫게 될 것입니다.

대학 시절, 물리학에 관심이 참 많았습니다. 수학은 철저히 이성적이며, 논리적인 학문입니다. 그리고 무엇보다 종이 위에 펜으로 한 줄씩 연역적으로 써 내려가야 하는 엄밀한 학문입니다. 하지만 물리학은 내가 살고 있는 시공간을 직접적으로 다루고 있었습니다. 당시에 원서로 읽었던 『코스모스』라는 교양서적은 아름다운 물리학의 세계에 대한 막연한 동경을 심어주었습니다. 학부 과정에 개설된 물리학 강좌를 몇 과목 청강하기도 했습니다. 그러나 너무 어려웠습니다. 물리학은 과연 천재들만 하는 학문이라는 사실을 절감하며 졸업을 했습니다.

이후 몇 년이 지나, 대학원 석사 과정에 입학했습니다. 공립학교에서 3년 정도 학생들을 가르친 후, 저는 2년간 대학원에서 연구에만 몰두할 수 있는 소중한 기회를 얻었습니다. 어느 날 도서관에서 물리교육을 전공하고 있던 친구를 만났습니다. 친구가 아인슈타인의 상대성 이론의 기반이 되는 "미분기하학"과 "텐서해석학"*의 심도 있는 내용을 제게 물어봤습니다.

저는 당시 "응용수학"이라는 과목을 수강하고 있었는데, 담당 교수님께 같이 찾아가서 문의하자고 권유했습니다. 미분기하학을 전공하신 교수님은 상대성 이론에도 상당히 해박하셨습니다. 그리고 그날의 질문이 인연이 되어, 우리는 교수님과 함께 일 년 가까이 우주의 비밀에 대해 논할 수 있었습니다. 매주 금요일에 모여 "텐서해석학"을 비롯해, 아인슈타인의 상대성 이론을 공부했습니다.

계속 추가되는 노트의 필기 내용은 도무지 알 수 없는 수식으로 가득했습니다. 어려웠지만, 수식으로 시공간의 휘어짐과 우주의 모양을 나타낼 수 있다는 사실이 흥분되었습니다. 제 인생에서 가

---

* 텐서(tensor)는 행렬을 이용한 다중 벡터의 모음입니다. 기하학적 구조를 좌표 독립적으로 표현하기 위한 표기법이기도 합니다. 이런 텐서들의 미분과 적분을 다루는 수학의 한 분야가 텐서해석학입니다. 수학자 가우스가 곡면에 관한 미분기하학 이론을 전개하면서 도입한 개념입니다.

장 설레는 공부였습니다. 앞으로 두 번 다시 오지 않을 정말 소중한 만남과 기회였습니다.

대학원 석사 과정에서 매주 설레는 마음으로 필기한 노트가 제가 가지고 있는 몇 안 되는 명품입니다. 히브리 대학교에 있는 아인슈타인의 문장들을 상상 속에서 엿보고 쓴 글입니다.

1915년 아인슈타인이 발표한 46페이지 분량의 상대성 이론의 자필 문서는 1925년 이스라엘 예루살렘의 히브리 대학교에 기증됐습니다. 46페이지의 종이 위에 우리가 살고 있는 우주의 비밀이 담겨 있습니다.

아인슈타인의 글씨가 궁금합니다. 우주의 모습과 그 비밀을 최초로 담은 문서는 어떤 모습으로 보관되어 있을까요? 그곳엔 우주만큼이나 깊은 종이향이 날 것 같습니다. 언젠가는 꼭 가보고 싶습니다. 이스라엘의 히브리 대학교에서 46쪽의 명품을 마주할 날을 손꼽아 기다립니다.

3장

변화

− 변화 속에서 찾고 싶은 진리

잘 모르겠으면, 미분하세요

변화 속에서 불변의 진리를 찾고 싶습니다

f *x*

중국 출신의 수학자인 천싱선(Chern Shiingshen, 陳省身, 1911~
2004)은 독일의 함부르크 대학교에서 박사학위를 취득한 후, 미국
의 프린스턴 대학교, UC 버클리 대학교 등에서 수학 교수로 활동
하면서 미분기하학 분야에 큰 업적을 남겼습니다.

특히 제임스 사이먼스와 함께 연구한 천-사이먼스 형식은 이
론물리학에서 현재 가장 활발하게 연구되고 있는 초끈 이론(String
Theory)*을 전개하는 중요한 원리가 되고 있습니다.

2014년 서울의 코엑스에서 세계수학자대회(ICM)가 개최되었

---

* 자연계의 모든 물질이 끈으로 이루어졌다는 현대물리학의 최신이론입니다. 물질과 힘
의 근원을 포함하여, 우주와 자연의 모든 것을 설명할 수 있는 만물의 이론(Theory of
Everything)을 지향하고 있습니다.

습니다. ICM은 4년마다 개최되는 규모가 매우 큰 학술대회입니다. 전 세계에서 수천 명의 수학자들이 한자리에 모여 최신 수학의 연구 결과를 공유하는 자리입니다. ICM에서 수학의 노벨상이라고 하는 필즈상이 수상되며, 동시에 천 메달(Chern Medal Award)도 수여됩니다. 그만큼 천성선이 수학계에 남긴 발자국이 크고도 강렬하다고 할 수 있습니다.

천은 '인간은 왜 미분을 하는가'라는 에세이 형식의 글에서 "잘 모르겠으면, 미분하라."라는 표현을 했습니다. 학부 시절 미분기하학 강좌를 수강할 때 담당 교수님께서는 수학자 천의 글에 빗대어 늘 말씀하셨습니다.

"미분하세요."

저도 미분을 배운 학생들과 문제를 푸는 상황에서 늘 말하곤 합니다. "잘 모르겠으면, 일단 미분을 해봐."

미분에 대해 간단히 살펴보고 갈까요? 미분의 대상은 함수입니다. 함수를 미분한다는 것입니다. 그렇다면, 함수가 무엇인지를 알아야 하겠지요. 함수는 '수의 변화'입니다.

세상에 변하지 않는 것이 무엇일까요? 시간도 계속 변하고 있고, 우리가 있는 공간도 늘 변합니다. 지구가 자전을 하면서 태양

주위를 공전하기 때문입니다. 우리의 마음 상태도 하루 종일 수시로 바뀝니다.

이러한 변화의 양상을 수치화할 수 있습니다. 변화의 정도를 나타내려면, 변수 두 개가 필요하지요. 내 마음의 상태가 어떻게 변화하는가를 알기 위해서는 시간(x)에 따른 마음 상태의 레벨(y)을 체크해야 합니다.

이것이 함수입니다. 식 $y=f(x)$로 표현할 수 있습니다. 또한 함수는 그래프로도 표현이 가능합니다.

미분

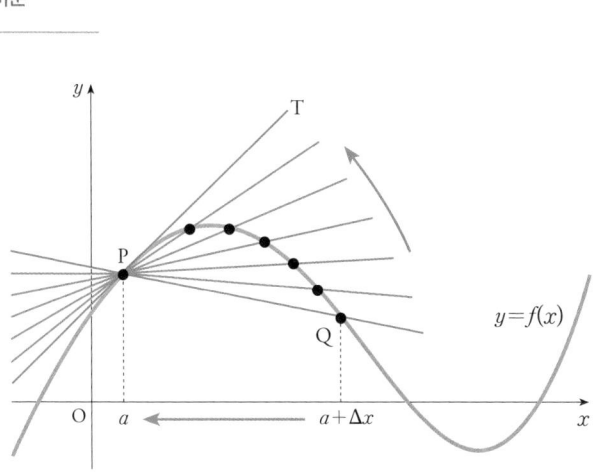

위의 그림에서 주황색 물결모양이 어떤 함수의 그래프가 되겠습니다. 마치 감정이 물결치듯 오르락내리락하네요. 미분의 대상은 이 함수이며, 아주 짧은 x의 구간에서 y값이 변화하는 비율이 미분입니다.

이해를 돕기 위해서 그림 상에서 점 Q가 곡선을 따라 점 P로 점점 가까워지는 상황을 생각해봅시다. 점 P와 Q를 잇는 여러 개의 직선 $\overleftrightarrow{PQ}$를 확인할 수 있습니다.

이 직선들의 기울기$\left(\dfrac{y\text{의 변화량}}{x\text{의 변화량}}\right)$는 점점 하나의 값에 가까워집니다. 만일, 점 Q의 x좌표가 P의 x좌표인 a값과 정말 차이가 없을 정도로 가깝게 접근하면, 이때의 기울기는 점 P에서의 접선(T)의 기울기가 됩니다.

이 접선의 기울기의 값이 곧 점 a에서의 미분입니다. 이것은 그래프 상에서의 의미입니다. 식으로 이해하는 것은 기계적이고 단순한 일입니다.

이차함수 $f(x)=x^2-3x+2$를 미분하면, $f'(x)=2x-3$이 됩니다. 차수가 하나 내려갑니다. 일차함수가 되었네요. 미분한 식에 $x=a$값을 대입하면, $f'(a)$가 점 a에서의 미분이 됩니다. 예를 들어 함수 $f(x)=x^2-3x+2$의 $x=2$에서의 미분은 $f'(2)=2\times2-3=1$, 즉 1입니다. 이것은 아주 간단한 예시입니다.

하지만, 조금 더 복잡한 문제를 푸는 과정에서 주어진 함수의 식을 미분하는 것은 풀이 방법을 찾기 위한 적극적인 시도입니다. 수

3장. 변화

학 문제 풀이 경험을 생각해보면, 두 가지 상황을 떠올릴 수 있습니다.

먼저 처음부터 어떻게 문제 풀이에 접근을 해야 할지 모를 때가 있습니다. 또 한 가지는 열심히 풀다가 막다른 골목에 다다른 경우입니다. 풀이 과정을 더 이상 써 내려갈 수가 없습니다. 한 줄만 더 쓰면 답이 보일 텐데 말이죠.

두 가지 상황 모두에서 미분을 하면 해결의 실마리가 보이는 경우가 상당히 많습니다. 미분을 하는 대상은 함수입니다. 함수가 나오면 일단 미분을 해놓고 봅니다.

함수 중에는 미분 가능한 함수가 있고, 그렇지 않은 함수가 있습니다. 우리가 학교에서 배우는 미분 가능한 함수를 해석함수, 영어로는 Analytic function이라고 합니다. 우리가 알고 있는 일차함수, 이차함수, 삼차함수, 지수함수, 로그함수는 모두 해석함수이며, 이 함수들을 해석하기 위하여 미분을 하는 것입니다.

미적분 시간에 배운 내용들을 떠올려보세요. 함수의 최댓값, 최솟값, 변곡점 등을 알기 위해서는 미분을 해야 합니다.

다음 그림에서 파란색 그래프가 함수의 그래프, 초록색 그래프가 미분한 함수의 그래프입니다. 초록색 그래프를 통해 파란색 그래프의 극댓값, 극솟값, 변곡점을 알 수 있습니다. 미분한 함수의

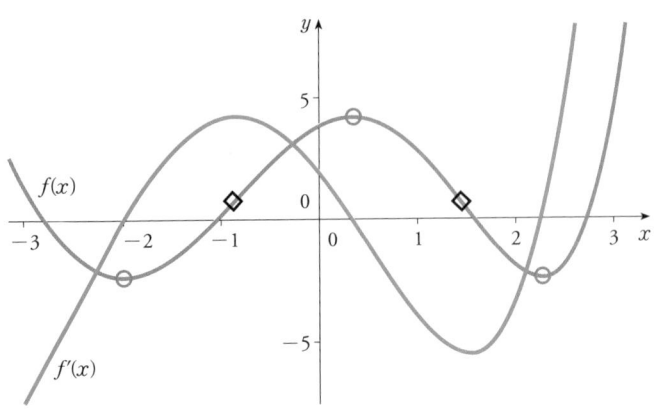

그래프가 x축을 통과하는 지점에서 함수는 극댓값 또는 극솟값을 갖습니다. 아래에서 위로 통과하면 극솟값을, 위에서 아래로 통과하면 극댓값을 갖지요. 파란색 그래프에서 극솟값 두 개와 극댓값 한 개를 여러분이 찾아보시겠어요?

또한 미분한 함수의 그래프가 위로 볼록하거나 아래로 볼록한 꼭짓점 부분이 원래의 함수에서 변곡점이 됩니다. 파란색 그래프에서 사각형으로 표시된 부분이지요. 일상생활에서도 변곡점 이야기를 많이 합니다.

변곡점은 힘이 바뀌는 부분입니다. 파란색 그래프의 왼쪽에서 오른쪽으로 달리는 롤러코스터를 탄다고 생각해보세요. 첫 번째 변곡점에선 달리다가 멈추는 힘으로 바뀌고, 두 번째 변곡점에선 반대로 달리는 힘으로 바뀝니다.

파란색과 초록색의 두 그래프를 비교해 극댓값, 극솟값, 변곡점을 찾는 것은 핵심이 아닙니다. 미분한 함수의 그래프인 초록색 그래프만 있어도 파란색 그래프를 해석할 수 있다는 것이 본질입니다.

학교에서 배운 함수들이 많이 있습니다. 일차함수, 이차함수, 삼차함수, 지수, 로그, 삼각함수… 복잡한 것 같지만, 단순한 함수들입니다. 우리 인생에 비하면 말이죠. 우리의 삶을 식으로 나타내면, 훨씬 더 복잡한 함수가 될 것입니다. 함수는 변화입니다. 시간과 장소는 물론이고 우리의 생각은 시도 때도 없이 늘 변합니다. 변하는 세상에서 불변의 진리를 찾기 위한 노력, 그것이 곧 '미분'이라는 적극적인 행위입니다.

우리의 인생도 마찬가지로 미분이라는 과정을 통해 어떻게든 해석해낼 수 있습니다. 그리고 그 의미를 찾을 수 있겠지요. 인생 미분, 어떻게 해야 할까요?

혹시 방황을 해보셨나요? 저는 학생들을 대하면서 방황하는 영혼을 정말 많이 만납니다. 그런데 사실은 저도 방황할 때가 있었습니다. 나이는 불혹이 다 되어가는데, 인생이 나의 의지나 뜻에 상관없이 무의미하게 흘러가는 것 같았습니다. 때로는 삶이 공허하기도 했습니다. 박사학위를 받은 이후였습니다.

　저는 더 넓은 세상에서 연구하고 싶었습니다. 적극적으로 미국과 이스라엘의 몇 군데 연구소에 박사 후 연구원(Postdoc Fellowship) 자리를 알아봤습니다. 이스라엘의 와이즈만 연구소(Weizmann Institute of Science, WIS)로부터 긍정적인 오퍼를 받았고, 새로운 인생의 출발을 기약하고 있었습니다. 그런데, 저는 결국 싱가포르행 비행기를 타게 되었습니다.

　방황의 시간들을 칼로 자른 듯 구분할 수는 없을 것입니다. 하지만 지나간 시간만큼이나 제가 더 성장했으리라 믿고 싶습니다. 저를 도와준 좋은 사람들을 만났고, 또 새로운 친구들도 생겼습니다. 그리고 무엇보다 수학 및 수학교육이라는 학문의 속살을 더 가깝게 느낄 수 있었다는 것에 큰 위로가 됩니다.

　적극적으로 내 인생의 의미를 찾고자 노력하는 것, 그것이 다름 아닌, 인생의 미분이라고 생각합니다. 그러기 위해서는 현재의 내 모습을 자세히 관찰하는 것부터 시작해보세요. 쉬워 보이지만 많은 노력이 필요합니다. 신기한 것은 삶의 의미를 찾기 위해 부단히 노력하다 보면, 실마리가 보이고 돕는 사람들도 분명히 나타난다는 것입니다.

　다시 수학 문제 풀이로 돌아가 보겠습니다. 우리는 문제를 해결하면서 미분을 해야 한다는 단순한 사실조차 모르는 경우가 많습

니다. 미분을 하면 바로 답이 나오는데 말이죠. 당황하거나, 복잡하고 긴장될수록 더 그렇습니다. 수학 시험 시간에는 물론이겠지요. 함수가 나오면, 무조건 미분을 한다고 생각하고 있어야 합니다.

인생은 순간순간이 실전입니다. 우리는 항상 생각하고 있어야 합니다.

"잘 모르겠으면, 미분하세요."

이미 알고 계시겠지만, 다항함수를 미분하면 차수가 내려갑니다. 더 단순해집니다. 삼차식을 미분하면 이차식이 되며, 이차식을 미분하면, 일차식이 됩니다. 문제 상황을 조금 더 낮은 차원으로 내려놓고 섬세하게 분석해보는 건 어떨까요? 인생도 비슷합니다. 잠시 하던 일을 멈추고 나에게 집중하는 시간을 가져봅시다. 그리고 따뜻한 차 한 잔 마시면서 삶을 한번 미분해보시기 바랍니다.

함수, 변화를 받아들이는 자세
같은 강물에 발을 두 번 담글 수 없습니다

fx

복잡한 상념이 저를 괴롭힐 때면 배낭 하나를 매고 KTX에 오릅니다. 정해놓은 목적지는 없습니다. 경부선, 호남선의 KTX 정차역은 대부분 가봤습니다. 싱가포르행을 결정한 이후 모아둔 코레일 마일리지를 전부 사용하는 것이 힘들 정도였습니다.

비행기에서는 내가 얼마나 빨리 가고 있는지 실감이 잘 안 납니다. KTX는 적나라합니다. 창을 옆에 두고 맥주 캔을 비우는 재미가 쏠쏠합니다. 열차에서 읽는 책은 사뭇 다른 느낌입니다. 단 한 줄을 읽어도 많은 생각을 할 수 있습니다. 아주 오래된 추억이 떠오르기도 하고 때로는 그리운 사람이 문득 다가오기도 합니다. 그래서 시원한 캔 맥주와 책 한 권을 들고 KTX에 오르면 마음과 몸이 한결 가벼워집니다.

싱가포르 우드랜즈 트레인 체크포인트

고속열차 하면 일본입니다. 저는 일본에 가면 신칸센을 꼭 이용합니다. 신칸센은 종류가 많습니다. 분위기가 조금씩 다르지만, 창문을 통해 느껴지는 속도의 맛이 제법 실감 납니다. 신칸센은 KTX보다 빠르고 쾌적합니다.

제가 고속열차의 매력에 푹 빠진 것은 짧은 시간에 이루어지는 공간 이동이 내 삶의 작은 변화이자, 일탈이 된다는 믿음 때문입니다. 싱가포르 생활에서 한 가지 아쉬운 점은 KTX나 신칸센과 같은 고속열차가 없다는 겁니다. 싱가포르의 면적은 서울과 비슷하다고 합니다. 고속열차가 있을 리 없습니다.

다만, 싱가포르와 말레이시아를 오가는 열차가 있습니다. 이 열차는 싱가포르의 우드랜즈 트레인 체크포인트(Woodlands Train Checkpoint)에서만 탈 수 있습니다. 완행열차로 말레이시아의 조호르바루(JB)를 거쳐 쿠알라룸푸르(KL)까지 갈 수 있습니다. 시간이 무척 오래 걸립니다. 싱가포르와 말레이시아의 국경을 넘나드는 고속열차가 곧 개통된다고 하는데, 제가 싱가포르에 있을 때 타볼 수 있을지 모르겠습니다.

달리는 열차처럼 눈에 보이는 변화가 있는 반면, 보이지 않는 변화도 있습니다. 내 마음의 미묘한 변화, 그리고 나를 둘러싸고 있는 환경, 더 나아가 대자연과 우주의 변화는 우리가 쉽게 느낄 수 없습니다.

인간과 삶의 유일한 규칙은 '규칙이 없는 것'이라고 합니다. 우리는 매일 같은 공간에서 같은 사람들을 만나고, 비슷한 일을 하고 있다고 생각하지만, 우리가 접하는 상대나 일에는 늘 미묘한 변화가 있습니다. 이 변화에 따라서 유연하게 대처하는 일을 반복하는 것이 일상이겠죠.

상대의 변화에 가장 민감하게 대응해야 하는 상황은 아마도 '전쟁'이 아닐까 생각합니다. "병무상세 수무상형(兵無常勢 水無常形)"이라는 말이 있습니다. "전쟁에는 정해진 형세가 없으며, 물은 일정한 모양이 없다."는 뜻으로 중국의 고전 『손자병법』에 나오는 말입니다. 적의 변화를 감지하고 항상 변화해야 전쟁에서 승리할 수 있다는 의미이겠지요.

『손자병법』은 병서(兵書)로 아주 유명합니다. 중국 춘추전국시대의 전략가였던 손무(孫武, 기원전 545년경~기원전 470년경)의 저서입니다. 손무는 우리나라에서 '손자'로 많이 알려져 있습니다. 영국의 대영박물관 고서 분야의 책임자인 라이오넬 길레는 『손자병법』을 "The Art of War"라는 제목으로 번역했습니다.

『손자병법』에는 우리에게 아주 익숙한 "先勝而求戰(선승이구전)"이라는 말도 나옵니다. "먼저 이겨놓고 전쟁에 임한다."는 내용입니다. The Art of War에는 다음과 같이 풀이되어 있습니다.

"Victorious warriors win first and then go to war, while defeated warriors go to war first and then seek to win."

(승리하는 군대는 먼저 이긴 다음에 전쟁을 하고, 패하는 군대는 싸움을 벌인 후에 승리를 구한다.)

- Sun Tzu(손무)

어떻게 하면, 먼저 이길 수 있을까요? 전시에는 아군과 적군의 상황이나 전략들이 수시로 변합니다. 이긴 다음 전쟁에 나간다는 것은 적군의 보이지 않는 변화 양상까지 꿰뚫어 보라는 것입니다. 싸움이 시작되고서 파악하면 늦습니다. 미리 확인해야 합니다. 어쩌면, 우리 인생은 작은 전쟁의 연속일지도 모릅니다. 타인과 세상이 어떻게 변하고 있는지 잘 파악해야 합니다.

무엇보다 우리는 운명적으로 나와의 싸움을 계속해야 합니다. 상대방이 가지고 있는 패를 볼 수는 없지만, 내가 가지고 있는 패는 자세히 살펴볼 수 있습니다. 내 마음 깊은 곳에서 생각의 편린들이 어떻게 변하고 있는지 들여다봐야 합니다.

저는 학창 시절에 훌륭한 수학 선생님을 만났습니다. '스승'이라는 단어를 생각하면 가장 먼저 떠오르는 분이지요.

선생님을 처음 만난 곳은 어느 학원의 대형 강의실이었습니다.

지금처럼 소수 인원을 모아놓고 진행하는 강좌가 아니었습니다. 100명, 200명이 함께 듣는 강의였지요. 빽빽하게 앉아 있는 학생들 사이에서 수업을 들으며 수학이 단순히 문제 푸는 과목이 아닌, 철학이라는 생각을 하게 되었습니다. 선생님의 말씀을 농담까지 하나도 빠짐없이 노트에 받아 적었습니다. 지금도 가지고 있습니다. 그 노트 표지에 "수학은 철학"이라는 조금 낯선 오래전의 제 글씨가 쓰여 있습니다.

학교 수학에서 많이 나오는 개념 중에 최댓값과 최솟값이 있습니다. 선생님께서는 최솟값과 최댓값을 삶의 변화와 한계, 그리고 끊임없는 노력에 빗대어 설명해주셨습니다. 아무리 노력해도 도달할 수 없는 곳이 있습니다.

아래의 그래프는 최댓값 $f(a)$를 잘 보여주고 있습니다. 왼쪽 끝 부분에서 우리가 그래프를 따라 오른쪽으로 움직인다고 생각해보

함수 $f(x)$의 최댓값과 점근선

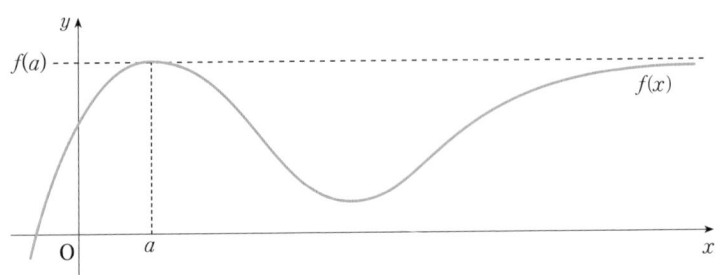

3장. 변화

면, 가장 높이 올라가는 부분은 점선 부분까지이겠지요. 오른쪽으로 아무리 멀리 가도 마찬가지입니다. 수학에선 점점 가까워지지만 결코 도달할 수 없는 선을 '점근선'이라고 합니다. 점근선은 한계치로도 해석할 수 있습니다.

어느 날부터 선생님께서 갑자기 학원 수업에 나오지 않으셨습니다. 이유는 아무도 몰랐습니다.

시간이 흐르고 저는 선생님과 같은 수학교사가 되었습니다. 새내기 교사 티를 조금 벗은 어느 날이었습니다. 제가 근무하던 학교에서 선생님을 다시 만나게 되었습니다. 당시 교감선생님과 친분이 있으셨던 백발의 선생님이 단기 수학 강사로 오시게 된 것입니다.

선생님은 강의실에서 그토록 열심히 수업 내용을 받아 적던 저를 기억하지 못하셨습니다. 비가 추적추적 내리던 밤, 어느 허름한 선술집에서 선생님과 술잔을 나눴습니다. 여러 이야기가 오가던 중에 최댓값과 최솟값에 대한 이야기가 나왔습니다. 선생님께서는 예전과 변함없는 목소리로 이렇게 말씀하셨습니다.

"나는 주어진 최댓값, 최솟값 사이에서만 평생을 지냈지만, 자네는 그러지 말게, 함수식을 변화시키면 한계 역시 변한다네."

선생님은 제게 이야기하시면서 긴 인생을 되돌아보셨을까요?

눈가는 이슬로 촉촉해지셨습니다. 선생님과 동료 교사로 비록 짧은 시간을 함께 했지만, 쉬는 시간에 의자에 편히 기대어 책을 읽으시던 모습이 아직도 생생하게 기억납니다. 오랜 시간을 초월한 한결같은 선생님의 모습이었습니다. 선생님과의 운명적인 두 번째 만남을 참 감사하게 생각합니다.

우리는 어느 한 순간도 같은 장소에 있지 않습니다. 적도 부근에서 지구는 1초에 460미터를 자전합니다. 그리고 태양 주위를 1초에 약 30킬로미터씩 움직입니다. 상상조차 안 되는 일입니다. 그리고 지구를 포함한 태양계는 우리 은하의 중심을 돌고 있습니다. 세상은 빠른 속도로 변하고 있습니다. 그러나 우린 변화를 느끼지 못합니다. 누군가가 알려주지도 않습니다.

흘러가는 강물을 바라봅니다. 도도히 흐르고 있는 역사입니다. 끊임없이 변화하는 우주에서 과거와 동일한 공간과 시간을 누릴 수 없는 것과 마찬가지로 우리는 같은 강물에 두 번 발을 담글 수 없습니다. 내가 담갔던 강물은 벌써 저 멀리 흩어져서 어디로 흘러갔는지도 모릅니다.

우리가 있는 지금 이 시공간은 절대로 두 번 다시 반복되지 않습니다. 이것은 중국의 고전 『주역(周易)』으로 점을 치는 원리이기도 합니다. 점을 치는 일을 복서(卜筮)라고 합니다. 복서를 통해 점

괘가 나옵니다. 직장을 옮겨라. 이사를 해라. 머리스타일을 바꿔라 등등. 모두 변화와 관련된 이야기입니다. 『주역』은 변화의 책입니다. 끊임없이 변화하라는 메시지를 주고 있습니다. 인간도 자연과 우주의 일부이니 변화무쌍한 우리의 삶이 오히려 더 자연스러울지도 모릅니다. 그러니 변화를 두려워하지 말고 더 나은 삶을 위한 힘찬 도전으로 받아들이는 것은 어떨까요?

순간을 살지만, 인생은 긴 여행
실수해도 괜찮습니다. 다음에 잘하면 됩니다

fx

저는 운전하는 것을 좋아하지 않습니다. 운전대를 잡는 순간부터 신경 쓸 일이 한두 가지가 아니거든요. 가끔 하는 장거리 운전은 밀려오는 졸음과의 싸움이었습니다.

이곳 싱가포르에서는 운전할 일이 없습니다. 자가용을 구입해 운전을 하기까지의 초기 비용이 만만치 않습니다. 그래도 괜찮습니다. BMW(BUS, MRT, WALK)를 이용하면 되거든요. 어쩌다 마트에서 과소비를 할 때 빼고는 큰 문제가 없습니다. 싱가포르는 대중교통이 잘 되어 있어 이동이 편리합니다.

도로 위에선 수많은 카메라가 운전자를 지켜보고 있습니다. 운전 스트레스 지수가 높습니다. 최저속도와 최고속도의 범위를 잘 지키면서 조심운전을 하면 되겠지만, 감시카메라를 못 보고 과속

3장. 변화

이라도 하게 된다면··· 순간의 실수로 거금의 과태료가 나가기도 합니다.

순간속도와 평균속도를 재는 두 종류의 과속 단속 카메라가 있습니다. 보통 신호등 윗부분에 설치되어 있는 카메라는 순간속도를 측정합니다. 그리고 터널이나 교량에서 평균속도를 측정해 구간단속을 합니다.

순간속도를 측정하는 카메라의 렌즈는 도로 위 두 군데의 센서를 향하고 있습니다. 자동차가 첫 번째 센서를 통과하는 시간과 두 번째 센서를 통과하는 시간의 차이를 재는 것입니다. 이미 두 센서의 거리 간격을 알고 있기 때문에 두 센서 사이를 통과한 속도를 다음의 식으로 구할 수 있습니다.

$$속도 = \frac{(센서\ 사이의)\ 거리}{(센서\ 사이를\ 통과한)\ 시간}$$

사실 순간속도라는 용어보다는 아주 짧은 구간의 속도라고 하는 것이 옳습니다. 반면, 구간 단속 카메라는 상대적으로 긴 거리를 통과한 시간을 측정하여 평균속도를 계산합니다. 어떤 구간에 진입하는 곳과 빠져나가는 곳에 각각 카메라가 설치되어 있습니다. 이 두 카메라를 통과하는 시간 차이를 재는 것입니다.

자동차 운전을 하게 된다면, 도로 위에서 우리는 아주 짧은 순간의 속도와 긴 구간의 움직임에도 신경 써야 합니다. 우리 인생도 마찬가지일 것입니다. 매 순간의 속도와 인생 전반의 속도를 잘 관리해야 합니다.

수학에서 순간속도와 평균속도의 관계를 잘 나타내주는 정리가 있습니다. 평균값 정리(Mean-Value Theorem)입니다. 아래 그림에서 양쪽 끝에 있는 두 점 사이를 연결한 파란색 선분의 기울기(slope)는 다음과 같습니다.

$$\frac{f(b)-f(a)}{b-a}$$

평균값 정리

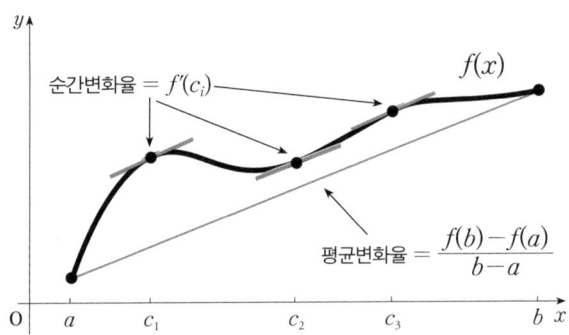

$\dfrac{f(b)-f(a)}{b-a}$ 는 평균속도를 의미합니다. 그리고 양 끝점을 연결한 검은색 곡선에서 세 개의 점을 확인할 수 있는데, 이 세 점에서

3장. 변화

의 접선(빨간색 직선)의 기울기가 우리가 미적분 시간에 배운 점 c_1, c_2, c_3에서의 미분입니다. 수학기호로 $f'(c_1)$, $f'(c_2)$, $f'(c_3)$로 표현합니다. 이들은 각각 중간에 있는 지점들의 순간속도를 나타냅니다.

평균속도와 순간속도는 아주 매력적으로 연관되어 있습니다. 평균값 정리는 어떤 구간 내에서 평균속도와 똑같은 순간속도를 갖는 지점의 존재성을 말해줍니다. 그림을 보면, 파란색 직선의 기울기와 빨간색 직선의 기울기는 다 같습니다.

이 그림에서는 단 세 개의 점(단 세 개의 순간)이 존재하지만, 굴곡이 더 많은 곡선을 생각할 수도 있습니다. 이 경우엔 보다 더 많은 점에서 순간속도와 평균속도의 값이 같을 것입니다.

종이 위의 서로 다른 두 점을 연결하는 방식은 여러 가지입니다. 선이 중간에 끊어지지 않게 연결하는 방식, 수학용어로 연속함수입니다. 더 나아가 매끄러운(smooth) 곡선이면 더 좋습니다. 하지만 가끔 끊어지기도 하며, 뾰족한 점들이 생기는 경우가 있습니다. 특이점(singularity)을 말하는 것입니다.

특이점이라는 것은 곡선이나 곡면에서 일반적인 점들에 비해 특이한 형태를 갖는 점을 말합니다. 예를 들어 곡선을 이탈해 있는 점이나, 아주 뾰족해서 미분이 불가능한 점들과 같이요. 특이점이라는 용어는 물리학에서도 자주 등장하며, 블랙홀 이론에서도 사용됩니다.

우리 삶에서 경험할 수 있는 대부분의 현상은 연속적이고 매끄럽게 이어진 곡선으로 표현이 가능합니다. 시간은 과거, 현재, 미래가 단절되어 있지 않고, 보통의 경우는 이들이 매끄럽게 연결되어 있습니다. 간혹 특이점을 만나기도 하지만, 흔치 않은 경우입니다.

부드럽게 연결된 곡선이 인생입니다. 인생을 앞의 그림에서 양 끝점 사이의 여행이라고 한다면, 나는 지금 어느 위치에 있을지 생각해봅니다. 분명한 사실은 희로애락으로 뒤엉킨 인생사에서 개인 전체 삶의 평균에 해당하는 순간순간이 존재한다는 것입니다. 사람마다 다르겠지요. 평균값 정리에 의하면 무조건 한 번은 있습니다. 어떤 사람은 무수히 많을 것입니다.

생을 마감하는 순간이 누구에게나 찾아올 것입니다. 이때, 눈을 지그시 감고 생을 시작한 순간의 점과 연결하면, 수많은 인생의 조각들이 아주 복잡한 곡선을 그릴 것입니다. 그런데 신기한 것은 생을 시작한 점과 직선으로 연결해 비교해보면, 오르막과 내리막길이 비슷하게 있다는 것입니다.

앞의 그림에서 $f(a)$와 $f(b)$의 값을 동일하게 맞추기 위해 $f(b)$의 값을 조금 끌어내리면 쉽게 확인 가능합니다. 파란색, 빨간색 직선의 기울기가 모두 0이 되고, 좌우에서 오르막, 내리막이 바뀝니다. 승승장구만 있는 삶은 상상할 수 없습니다.

성공을 많이 했다는 것은 그만큼의 실패를 경험했다는 의미이

기도 합니다. 실패를 오히려 감사해야 합니다. 그다음은 분명 성공의 차례일 겁니다. 주어진 환경에 감사하며 기회가 주어질 때마다 최선을 다하고, 그 결과를 깔끔하게 받아들여야 합니다.

아마도 신이 있다면 개개인 인생 전체의 기울기를 알고 계실 것만 같습니다. 분명히 개인차가 있겠지요. 하지만, 신은 대부분 사람들에게 비슷한 기울기를 주셨을 것이라고 믿고 싶습니다. 다만, 이것은 인생 전체를 놓고 볼 때 그렇다는 것입니다.

매 순간 삶의 선택은 개인의 몫입니다. 순간의 조각들을 디자인하는 것은 평범한 인간의 자유이기 때문이지요. 인생을 통틀어서 가슴 두근거리는 새로운 도전을 단 한 번도 해보지 않은 사람이 있는 반면, 실패를 감수하면서 새로운 추억거리를 끊임없이 창조해가는 사람도 있습니다.

실수를 해도 괜찮습니다. 다음에 잘하면 됩니다. 우리는 순간을 살지만, 인생은 긴 여행이거든요. 속도를 조금 낮추어 나만의 페이스로 천천히 가면 됩니다. 다행스럽게도 더 밝은 내일이 우리를 기다리고 있습니다.

저 앞에 단속 카메라가 있다고 알려주는 내비게이션이 없기 때문에 인생은 더 재미있습니다.

3장. 변화

'수포자'라는 단어의 불편함
수포자라는 단어, 이제 그만 씁시다

fx

싱가포르한국국제학교에서 근무를 시작하고 몇 주가 지났을 때였습니다. 학교의 신문부 학생들이 찾아와 인터뷰에 응해주십사 부탁을 했습니다. 저는 반갑게 맞아주었습니다. 꽤 오랜 시간 대화를 나누었고 인터뷰 전문이 학교신문에 실렸습니다. 질문 중에는 '수포자'에 관한 내용이 있었습니다.

| 질문 | 수학을 힘들어하는 학생들, 또는 수포자(수학을 포기한 자)들에게 해주실 말씀이 있으신가요?

| 대답 |

혹시 알고 계신가요? '수포자'라는 단어가 국어사전에도 나와

있습니다. 아마 이 단어를 모르는 사람이 없을 것이라고 생각합니다. 얼마 전 뉴스에서 수포자 특집을 다루는 것을 봤습니다.

대학 교수들이 나와서 수포자 문제에 대해 논했습니다. 저는 마음이 조금 불편하더라고요. 이제는 학생들이나 수학 선생님들뿐만 아니라 일반인조차도 수포자라는 단어를 아무렇지도 않게 사용합니다.

제가 살고 있는 싱가포르의 현지 학생들이나 교사들에게 질문해봤습니다. 수포자와 비슷한 의미의 단어가 있는지 말이죠. 없었습니다. 수포자라는 단어는 우리나라에만 있는 단어였습니다.

고대 그리스 이래로 수학은 소수의 천재들만이 취미생활로 즐기던 학문이었습니다. 현대에 와서 일부의 사람들이 대중들을 위해 정리해놓은 형태가 지금 여러분이 배우고 있는 수학의 모습입니다.

탄생 배경부터 어려울 수밖에 없는 수학입니다. 동서고금을 통틀어서 소수의 사람들만이 수학을 잘하고, 또 좋아합니다. 여러분들만 그런 것이 아니라, 태평양 건너 미국의 학생들도 그렇고 아프리카 사람들도 마찬가지입니다. 수학 때문에 다들 괴롭습니다.

평범한 보통 사람들은 수학을 그리 좋아하지 않으며, 잘하지도 않습니다. 수학을 잘하면 당연히 좋겠지요. 하지만 모든 사람들이 수학을 잘하리라고 생각하는 것 자체가 아이러니합니다. 수학이 실생활에 이용되며 살아가는 데 꼭 필요하다고 주장하는 사람들이 있기는 한데, 솔직히 전 동의하지 않습니다. 수학, 못해도 됩니다. 대부분의 사람들은 수학을 모른 채 인생을 잘 살아가고 있습니다.

그러나 우리 모두가 잘 알고 있듯이, 수학을 못하면 대학 선택에 제약을 받습니다. 수학을 공부해야 하는 가장 현실적인 이유가 되겠습니다.

수학 학습을 위해 최선의 노력을 다 하십시오. 여러분을 끝까지 믿고 지지해주는 선생님에게 도움을 청하세요. 그래도 수학이 어렵고 힘들면 다른 문을 열어보는 것도 한 방법일 수 있습니다. 일찍 포기하고 또 다른 문을 열어 새로운 기회를 찾아보는 것입니다. 사실 우리네 인생에서는 배워야 할 것들이 정말로 많이 있습니다.

'수포자'는 없어져야 할 제1 순위의 단어입니다. 수학을 모두다 잘해야 한다는 생각에 갇혀 있다 보니 '수포자'라는 정체불명의 단어가 생겨난 것입니다. 어려운 수학의 본성을 받아들이면 우리는 보다 편안한 마음으로 수학에 다가갈 수 있습니다.

역사적으로 '수포자'가 없는 시대가 있었을까요? 그리고 수포자가 없는 나라가 어디 있겠습니까? 전 세계 모든 나라, 대부분의 사람들이 수학을 싫어합니다. 그런데 최근 언론 매체나 수학교육자들, 그리고 수학과 전혀 상관없는 사람들까지 수포자라는 단어를 너무도 남발하고 있습니다.

충분히 그럴 수 있습니다. 하지만 그들은 '수포자'의 현실이 현재 우리나라 수학교육이 당면한 대단히 큰 문제로 인식하고 있습니다. 수학을 업으로 가르치고 있는 사람들, 학생들 할 것 없이 온 국민이 다 알고 있는 '수포자'라는 이상한 단어는 도대체 어디서 처음 나왔는지 생각해봅니다.

'수포자'라는 단어를 누가 만들었을까요? 저는 '수포자'라는 단어가 일종의 낙인 프레임에서부터 유래되었다고 생각합니다. 일부 사람들은 수학교육 전문가 행세를 하면서 '수포자' 프레임을 상업적으로 이용하려고 부단히 노력하고 있습니다.

저는 최근 페이스북의 한 글에서 어떤 분이 "현재 6.25 때 쓰던 교과서를 그대로 쓰고 있기 때문에 '수포자'가 늘고 있다."고 주장한 글을 봤습니다. 글을 읽으면서 마음이 불편했습니다. '수포자'라는 단어의 남발 때문임은 물론이고 현재 사용되고 있는 교과서를 마치 동네북처럼 만만하게 취급하는 오만함에 놀랐습니다. 지금 학생들이 쓰고 있는 우리나라의 수학 교과서는 세계 어디에 내놓아도 부족함이 없는 좋은 교과서입니다.

3장. 변화

수학 교과서의 내용은 아무리 바꾸려 노력해도 초등학교 및 중학교의 일부 단원들 이외에는 재미있게 쓸 수가 없습니다. 사실 재미있는 수학 교재들은 수십 년 전부터 이미 사교육기관 및 사설 출판사에서 많이 만들어놓았습니다. 조금만 노력을 하면 아주 재미있고 유익한 양질의 수학책을 여러 권 찾을 수 있습니다. 수학은 다양한 게임이나 놀이의 도구로 사용될 수 있기 때문입니다.

그러나 학년이 올라갈수록 형식적이고 논리적인 수학을 다루어야 합니다. 소위 말하는 과거의 천재들의 노력들을 더듬어야 합니다. 수학의 본성입니다. 수학적 발견, 혹은 문제 해결의 아이디어는 직관 내지는 주관적인 논리를 바탕으로 하기 때문에 명확히 드러나지 않습니다. 오히려 형식적이고 논리적인 전개가 훨씬 깔끔합니다. 따라서 수학책의 서술 방식은 연역적이고 추상적일 수밖에 없습니다.

$$\sqrt{a}+\sqrt{b}=\sqrt{a+b} \ ?$$

$$\log a+\log b=\log(a+b) \ ?$$

$$\sin a+\sin b=\sin(a+b) \ ?$$

저는 묻고 싶습니다. 위의 식이 성립하는지 여부를 어떻게 쉽고 재미있게 설명할 수 있을까요?

다른 나라는 어떨까요? 수학교육 강국이라고 하는 싱가포르, 핀란드, 중국, 일본의 중고등학교 수학 교과서 역시 형식적이고 추상적인 내용으로 전개되어 있습니다. 한국의 교과서 전개는 이들 교과서보다 수준급입니다.

전 세계적으로 대부분의 학생이 수학을 어려워합니다. '수포자'라는 단어는 없지만 수학을 좋아하는 사람보다 싫어하는 사람이 훨씬 많습니다. 선진국에서도 수학은 어렵지요.

고진감래의 기쁨, 어렵게 올라간 산 정상에서의 시원한 칼바람은 소수의 사람들만 느낄 수 있는 행복입니다. 수학 말고도 재미있는 것들이 세상에는 얼마든지 많습니다. 의미 있는 배움이 차고 넘칩니다. 수없이 떠들어 대는 논리력, 사고력은 수학 이외의 것으로 충분히 기를 수 있습니다.

솔직하게 말하고 인정합니다. 수학 정말 어렵습니다. 어쩌면, 우리는 앞으로 모든 사람들이 수학을 꼭 배워야 하는가를 고민해봐야 할지도 모릅니다. 사실 앞에서 예로든 제곱근, 로그, 삼각함수를 모두가 알아야 할 필요는 없습니다. $\log 2 + \log 3$이 $\log 5$가 아니라 $\log 6$이 된다는 결과가 모두에게 중요하지는 않습니다.

저를 포함해서 많은 수학 선생님들은 시험 문제를 출제할 때, 이미 수업 시간에 다룬 문제를 약간만 변형해 다룹니다. 교과서에 있는 문제에 숫자만 바꿔도 완전히 새로운 문제가 됩니다. 이런 방식으로 시험 문제를 출제해도 대부분 학교에서 수학 시험 평균 점수가 70점을 넘기 어렵습니다.

일부의 사람들은 학생들이 수학에 관심이 없거나, 수학을 못하는 이유를 정부 정책이나 교사의 탓으로 돌리는데, 글쎄요. 저는 대중들이 수학을 어렵게 생각하고, 학생들이 수학 시험을 잘 못 보는 것은 수학이 가지고 있는 본성이 어렵기 때문이라고 생각합니다.

현재 우리나라 수학교육 문제에 대한 탈출구가 어디 있는지, 방향조차 가늠할 수 없습니다. 일반인들뿐만 아니라 전문가들의 생각들도 다 제각각 다릅니다. 하지만 분명한 힌트가 있습니다. 쉽게 찾을 수 있을 것입니다. 아마도, 우리가 '수포자'라는 단어를 절대로 쓰지 않는 것부터 시도해야 할 것입니다.

수학을 잘 못하는 학생들에게 더 따뜻하고 친절하게 다가가야 합니다. 문제에 대한 정확한 답을 내야 하는 빈틈없고 차가운 수식으로 가득 찬 수학 교실보다는 실수나 실패가 허용되는, 누구나 마음속으로 수학을 음미할 수 있는 문화가 정착되길 소망합니다.

수학 공부, 이렇게 한번 해보세요
수학 선생님이 문제를 잘 푸는 이유

fx

싱가포르 생활 2년차에 접어들었습니다. 최근 새로운 취미가 생겼는데요. 바로 조깅입니다. 고온다습한 이 기후에도 땀을 뻘뻘 흘리면서 조깅하는 사람들을 자주 볼 수 있습니다. 심지어 마리나 베이 같은 관광지나 시내 한복판인 오차드에서도 윗옷을 모두 벗은 채 조깅하는 사람들이 불쑥 나타나 놀랍습니다.

조깅은 집 근처의 공원에서 주로 하는데, 가끔 메인도로를 따라서 곧게 뻗어 있는 인도를 달리기도 합니다. 조깅을 하면서 경치를 즐깁니다.

동트기 전 오전 5시 즈음 조깅을 나갈 때도 자주 있습니다. 아직 어둡습니다. 교복을 입고 등교하는 학생들이 보입니다. 교실엔 벌써 불이 다 켜졌습니다. 조깅을 마치고 들어가는 6시가 되면 제법 많은 학생들이 교문에 들어갑니다. 싱가포르의 현지 학교 일상은 이렇게 일찍 시작됩니다.

싱가포르는 유럽의 학제를 따릅니다. 초등학교 과정이 6년이고, 중학교 과정이 4년입니다. 중학교를 졸업하고 2년 과정의 Junior College(JC, 예비대학)나 3년 과정의 전문학교인 Polytechnic으로 진학합니다. 진로를 비교적 일찍 결정하는 것이지요. JC와 Polytechnic은 우리나라의 고등학교에 해당합니다.

싱가포르 현지 학교는 일 년에 네 학기(term)가 있습니다. 방학을 네 번 하는 것이지요. 학교마다 조금씩 다르지만, 보통 3월 중순에 열흘, 6월 한 달, 9월 초에 열흘, 11월과 12월 약 두 달 이렇게 긴 방학을 갖습니다.

싱가포르는 수학교육의 강국입니다. 세계 각 국가 학생들의 수학 문제 해결력을 평가하는 PISA나 TIMSS와 같은 표준화시험에서 싱가포르는 우리나라보다 성취수준이 높습니다. 매번 1위입니다. 게다가 2위와의 점수 차이도 많이 납니다.

수학 학습에 대한 열기가 대단합니다. 지하철은 물론이고 심지어 버스 정류장에서 버스를 기다리면서까지 수학 문제를 푸는 학생들이 있습니다. 맥도널드나 스타벅스 같은 카페에 삼삼오오 모여 수학 문제에 대하여 토론하기도 합니다.

가끔 머리가 나빠 수학을 못한다는 말을 하는 학생들이 있습니다. 지능지수(IQ)의 문제가 아닙니다. 인간의 IQ는 평균이 100 정도 된다고 하지요. 평균 정도의 IQ 소유자라면 누구나 수학을 즐길 수 있습니다.

지금까지 20여 년 간 수학교육에 대해 공부하고, 또 수학을 가르쳐본 제 경험을 토대로 수학 학습 방법을 알려드리겠습니다. 수학 공부를 어떻게 해야 하는지 질문하는 모든 사람들에게 해주는 진심 어린 조언입니다.

물론 우리가 미리 전제해야 할 것이 있습니다. 수학은 어렵습니다. 왜냐면 수학은 천재들이 만들어놓은 작품이기 때문입니다. 전 세계적으로 소수의 사람들 말고는 모두가 수학을 어려워합니다. 그러나 결국 수학 문제 해결 능력이 IQ의 문제가 아니라 끈기와 노력의 산물이라는 결론을 내릴 것입니다.

수학교육학이라는 학문은 마땅히, 수학을 잘 가르치고 배우는 방법을 최우선으로 다루어야 한다고 믿습니다. 저는 박사학위 논문을 저술하면서 주로 수학 문제 해결론을 연구했습니다. 똑같은 문제를 푸는데 왜 누구는 잘 풀고, 누구는 못 푸는가? 개념은 이미 다 알고 줄줄 외울 수 있는데, 왜 문제 해결이 어려울까? 분명 시험 볼 때는 앞이 깜깜하고 문제가 안 풀렸는데, 왜 시험지를 걷어간 뒤에 해법이 생각날까? 모두가 흥미로운 연구 주제입니다. 그런데 더 흥미로운 것이 있습니다.

학생들이 가끔 제게 이런 말을 합니다. "선생님, 천재인가요?"

저는 그저, 수업 준비를 위해 미리 문제를 풀어봤고 과거에 다른 학생들에게 이미 설명한 내용을 그대로 되풀이해준 것뿐인데 말이죠. 제가 아는 한에서 수학교사들 중 천재는 거의 없습니다. 천재들은 이미 NASA(미국항공우주국) 같은 연구기관에서 활발하게 연구 활동을 하고 있을 것입니다.

수학 선생님들이 학생들에게 하루에 10문제씩 풀어준다고 합시다(사실 더 많이 풀죠). 연간 200일 정도 수업을 합니다. 2000문제입니다. 5년만 수학을 가르치면 벌써 10000개의 문제를 풀어본 것입니다. 학창 시절과 대학, 대학원까지 합하면 더 많은 문제를 풀어봤겠죠. 아마 수만 개의 문제와 그 풀이법이 장기 기억에 저장되어 있을 것입니다.

나무를 보지 말고, 숲을 보십시오. 수학 선생님들의 풀이 하나하나의 테크닉에 관심을 갖기보다, 어떻게 문제 해결에 접근을 하는지 유심히 관찰해보기 바랍니다.

선생님들이 문제를 오랜 시간에 걸쳐 연구하다 보면, 기발한 풀이법이 생각나기도 합니다. 그것을 학생들에게 설명해주는 것입니다. 심지어 수업을 준비하는 선생님들에겐 자유롭게 답지의 풀이를 볼 권리도 있습니다. 문제를 처음 대하는 학생은 짧은 시간에 생각해야 하겠죠. 선생님들도 여러분과 똑같이 문제를 처음 보면서 곧바로 창의적인 생각이 나오지는 않습니다.

마치 대단한 풀이를 발견한 듯 떠들어대지만 수만 개의 문제 풀이가 머리에 있으면 누구나 가능한 것입니다. 한번 멋진 풀이를 한 선생님께 왜 그 단계에서 '바로 그 생각'을 하셨는지 물어보세요.

그런데 솔직히 말씀드리자면, 그냥 생각난 것입니다. 문제를 보면 자동으로 풀이가 나옵니다. 그리고 거꾸로 개념과 연결하여 학생에게 설명을 하는 것이지요. 순서가 그렇다는 것입니다.

결과적으로 문제를 많이 풀어보고 실수한 경험치가 전부라는 것을 알 수 있습니다. 놀랍게도 여러 연구의 결과가 이와 같은 현상을 잘 설명해줍니다.

이제 구체적으로 수학 학습 방법을 제시합니다. 저명한 수학교육 연구 결과로 제 의견을 뒷받침하겠습니다. 수학 선생님들이 왜 문제를 잘 풀 수밖에 없는가에 대한 답이기도 합니다.

첫째, 문제를 무조건 많이 풀어보는 것입니다.

문제 해결 연구는 1980년대 초 미국에서부터 붐이 일어났습니다. 그 당시 문제 해결 연구의 권위자였던 슈로더(Thomas L. Schroeder)와 레스터(Frank K. Lester, Jr.)가 지금까지도 회자되는 아주 유명한 논문을 썼습니다.[*] 그들은 이 논문에서 **"문제 해결을 통한 학습(Learning via Problem Solving)"**이라는 개념을 제시했습니다. 문제 해결을 통해 수학의 개념, 원리, 법칙들을 학습한다는 것입니다. 개념을 먼저 학습하는 것이 아닌, 문제를 통해서 문제를 해결하기 위해 필요한 수학적 원리나 법칙을 학습하는 새로운 패러다임의 학습법입니다.

개념을 먼저 학습해놓고 그것을 문제 풀이에 활용하는 기존의 수학 학습법인 "문제 해결을 위한 학습(Learning for Problem Solving)"과 다릅니다. 수학 공부는 거창하지 않습니다. 문제를 많이 풀어보는 겁니다. 한 가지만 주의하면 됩니다. 망각입니다. 심리학 내지는 교육학에서 아주 유명한 "에빙하우스의 망각곡선"을 살펴보시죠.

다음 그림을 보면 학습한 내용이 기억 속에 저장되는 비율은 시

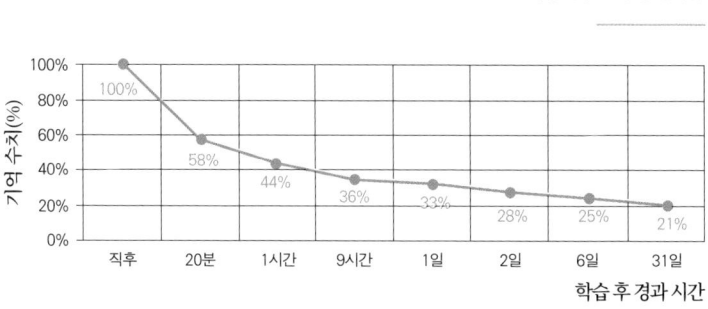

에빙하우스의 망각곡선

* Schroeder, T. L. & Lester, F. K. (1989). Developing understanding in mathematics via problem solving. In P. R. Trafton & A. P. Shulte (Eds.), *New directions for elementary school mathematics* (pp. 31-42). Reston, VA: National Council of Teachers of Mathematics.

간이 지날수록 떨어집니다. 하루가 지나면 3분의 1밖에 기억이 안 납니다. 이틀이나 사흘 전 내가 무슨 옷을 입었는지, 어떤 음식을 먹었는지 한참을 생각해봐야 알 수 있습니다.

그런데 주기적으로 과거의 기억을 떠올리게 되면 장기 기억에 저장되는 양이 늘어납니다. 반복 학습과 암기가 중요한 이유입니다. 우리가 공부한 지식들을 또 다른 상황에서 활용하기 위해서는 장기 기억에 저장해야 합니다. 수학 선생님들이 문제를 잘 푸는 이유였지요. 하루에도 수십 개의 문제를 반복해서 풀고 또 풉니다.

그렇다면 학생의 관점에서는 어떻게 공부해야 할까요? 문제를 많이, 그리고 반복해서 여러 번 풀어야 합니다. 그리고 풀어본 문제의 유형과 풀이법을 암기하고 있어야 합니다. 많이 풀어보고, 중요하거나 틀린 문제는 오답 노트를 만들어서라도 풀이법을 잊지 않도록 외우고 또 외우는 것입니다.

둘째, 새로운 문제를 풀 때, 이미 풀어본 문제 풀이법을 의도적으로 생각하는 것입니다. 헝가리 출신의 폴리아(George Pólya)는 아마 수학교육자 중에서 가장 유명하고 권위 있는 학자일 것입니다. 그가 누적해놓은 연구 결과들은 문제 해결 연구의 알파이자 오메가입니다. 『어떻게 문제를 풀 것인가?(How to Solve It)』는 그의 유명한 저서입니다.*

폴리아는 이 책에서 수학 문제의 해결을 위한 수많은 발견술

3장. 변화

(Heuristics)을 제시했습니다. 그는 발견술 중에서 유추(Analogy)를 가장 중요한 전략으로 꼽았습니다.

유추는 새로운 문제가 나오면 문제 풀이와 관련된 유사한 사전 지식을 이용하는 것입니다. 저장된 지식을 잘 끄집어내기 위해선 물론 머릿속에 차곡차곡 잘 저장해놓았어야 하겠지요.

수학 선생님은 이미 풀어본 문제가 많이 있습니다. 그리고 학생들을 가르쳐야 하니 관련된 문제와 지식을 분명 기억 속에 잘 저장해놓았을 것입니다. 문제를 잘 푸는 학생 역시 마찬가지입니다. 많은 연구에서 문제를 잘 푸는 학생들은 의도적으로 이미 풀어본 문제와 사전 지식에 접근을 잘할 뿐만 아니라 필요한 지식을 적절하게 꺼내어 문제 해결에 활용한다는 사실이 밝혀졌습니다.

셋째, 구체적인 표상과의 연결입니다. 대표적인 예로 그림을 그려보는 것입니다. 프랑스의 수학자 아다마르(Jacques Hadamard, 1865~1963)는 수학 문제 해결을 심리학적으로 다룬 명저를 저술했습니다. 특히 『수학에서 발견의 심리학』은 아주 유명한 그의 저서입니다.**

---

*   Pólya, G. (1988). *How to solve it–A new aspect of mathematical method.* (2nd Ed). Princeton, NJ: Princeton University Press.

**   Hadamard, J. (1945). *The psychology of invention in the mathematical field.* Princeton, NJ: Princeton University Press.

이 책에서 아다마르는 수학의 발견술을 심리학적으로 다루었으며, 관련된 사례를 다양하게 제시했습니다. 그는 수학의 발견은 이미지 표상에서 나오며, 그림을 그려보는 활동이 문제 해결에 큰 도움을 준다고 주장합니다. 특히 이 책에서 아인슈타인의 다음과 같은 어록을 확인할 수 있습니다.

"말이나 글은 내 사고의 방법에 아무런 역할도 하지 않는 것 같다. 영감에 영향을 주는 정신적 실체는 본의적으로 재현되거나 결합될 수 있는 다소 명확한 이미지다."

The words or the language, as they are written or spoken, do not seem to play any role in my mechanism of thought. The psychical entities which seem to serve as elements in thought are certain sign and more or less clear image which can be 'voluntarily' reproduced and combined.(p. 142)

아인슈타인 역시 말이나 글보다는 이미지가 그의 영감에 중요한 역할을 했다고 고백했습니다.

배우는 사람도 다르지 않습니다. 문제를 해결하는 상황에서 가능한 관련된 그림을 많이 그려보면 문제가 더 쉽게 이해되고 풀이 과정이 훨씬 더 수월해질 수 있습니다.

3장. 변화

세 가지 수학 학습 방법을 제시했습니다.

1. 문제를 많이 풀어보고, 잊지 않도록 암기한다.
2. 새로운 문제를 풀 때마다 내가 풀어봤던 문제와 풀이법을 의식적으로 생각해본다.
3. 그림을 그려가면서 문제를 풀어본다.

수학은 개인차가 있기 때문에 누구에게나 통용되는 방법이라고는 할 수 없습니다. 다만 수학을 열심히 공부하는 평범한 학생들, 흥미까지는 아니어도 수학 공부에 어느 정도 관심이 있는 학생들이 시도해볼 만한 것입니다.

높게만 보이는 수학을 정복하기 위한 계단 오르기 방법을 알려드렸습니다. 각자의 능력, 배경과 조건들, 그리고 여러분 곁을 맴도는 시간과 공간들이 모두 다를 것입니다.

그러나 누구에게나 똑같이 하루 24시간이 주어져 있습니다. 가장 중요한 것은 의지와 노력입니다. 할 수 있는 모든 것을 다하고 난 뒤에 결과를 확인해보시기 바랍니다. 무엇이든, 가능성을 열어두는 것부터가 시작입니다.

3장. 변화

결정할 타이밍을 놓치지 마세요

이제 곧, Decision Height(결정고도)입니다

$\int x$

"싱가포르에 살면서 가장 좋은 점은?"

이 질문에 대한 답을 생각해봤습니다.

저는 비 오는 날의 분위기를 참 좋아합니다. 이곳은 비가 자주 와서 좋습니다. 적도에 위치해 있다 보니, 스콜이 지나기도 합니다. 이틀에 한 번꼴로 비가 시원하게 내려줍니다. 가끔씩 온 세상을 잡아먹을 것 같은 천둥이 치기도 합니다. 이렇게 큰 천둥소리를 이전에는 듣지 못했습니다. 대자연이 참 신기할 따름입니다.

한 가지 더 있군요. 시간의 여유가 많습니다. 푸른 숲을 산책하면서 나무 냄새를 맡는 시간이 많아졌습니다. 한 달에 한두 번을 빼고는 오후 4시 10분 이후에는 저녁이 있는 삶을 즐길 수 있습니다. 한국의 학교에서 근무할 때는 상상할 수 없는 일이었습니다.

누군가를 가르쳐야 하는 사람에게는 반드시 '사색의 시간'이 필요합니다. 삶의 여백입니다. 여백에서 창의적인 생각이 나오고 그 에너지로 인해 누군가를 새롭게 변화시킬 수 있기 때문입니다.

제가 근무하고 있는 학교는 높은 언덕에 자리하고 있습니다. 뒷동산을 산책하다 보면, 아지랑이 무리들이 피어오르는 장엄한 광경을 볼 수 있습니다. 또한, 해가 질 무렵의 고즈넉한 학교 풍경이 제법 운치 있습니다. 퇴근하면서 좋아하는 음악 몇 개를 휴대폰으로 재생하며 언덕을 내려갑니다. 나무 냄새가 상큼합니다. 시원한 바람이 친구가 되어줍니다. 촉촉하게 젖은 땀이 바로 마릅니다. 적도의 한산한 저녁 풍경입니다.

가끔 늦은 퇴근을 할 때면 언덕을 거의 내려올 때쯤 또 다른 밤의 세상을 만날 수 있습니다. 양쪽으로 길게 도열된 가로등 사이를 지나면서, 문득 20여 년 전의 군 생활이 떠올랐습니다.

스무 살 무렵, 저는 어느 공군 기지의 관제탑에서 군 생활을 했습니다. 관제탑은 365일 24시간 누군가가 지키고 있어야 합니다. 어두운 밤에도 항공기가 뜨고 내리거든요. 야간 비행입니다. 일몰 시간을 항상 체크하고 시간에 맞춰 활주로 등을 켜야 합니다. 야간 비행을 위해 필수적인 것이 활주로 등입니다.

활주로 등(燈)은 크게 세 가지 종류가 있습니다. 항공기가 착륙할 수 있도록 먼 곳에서부터 유도해주는 진입등(Approach Light), 이

착륙 활주로의 메인등(Main Light), 그리고 기타 지상에 있는 항공기들을 위한 등(Taxi Way Light)입니다. 세 가지 등의 색은 모두 다릅니다.

일몰 시간에 활주로 등을 켜놓고 높은 곳에서 바라보면, 활주로는 시간의 흐름에 따라 다양한 모습을 드러냅니다. 타는 듯한 붉은 노을과 함께 활주로 등은 밤이 깊어질수록 더 밝게 빛납니다. 지금도 제가 근무했던 공항에는 야간 비행을 하는 항공기가 그림처럼 뜨고 내릴 것입니다.

관제탑에서는 활주로에 있거나 상공에 떠 있는 항공기를 통제하고 관리해야 하기 때문에 무척 바쁩니다. 때론 하늘과 땅에 있는 수십 대의 항공기가 시야에 들어옵니다. 항공기에서 눈을 떼면 안 됩니다. 관제사들이 역할을 분담해 모든 항공기들을 다 신경 써야 합니다.

관제사와 조종사가 주고받는 관제 용어가 전 세계에 통일되어 있습니다. 어렵지 않습니다. 간단한 용어들입니다. 이륙 허가는 어떻게 할까요? 모든 항공기는 반드시 관제사에게 이륙 허가를 받아야 이륙할 수 있습니다.

1. Clear for Take Off

이륙 허가가 날 때까지 항공기가 메인 활주로 끝에서 잠깐 멈춰

있기도 합니다. 메인 활주로에 다른 항공기라도 들어가 있는데 이
륙을 하면 큰일 나겠죠. 타워에서 컨트롤을 해줘야 합니다.

2. Clear to Land

착륙 허가입니다. 활주로에 아주 작은 물체가 떨어져 있어도 안
됩니다. 깨끗한 활주로가 준비됐을 때, 조종사는 착륙 허가를 받고
서서히 고도를 낮추는 것이죠.

기후가 좋지 않거나, 야간 비행과 같이 시야 확보가 어려운 경우
에 주로 계기 비행(Instrumental Flight)을 하게 됩니다. 계기 비행은
항공기에 장착된 계기에 의존하여 비행하는 것입니다. 조종사가
직접 지형을 보고 항공기를 조종하는 비행 방식인 시계 비행(Visual
Flight)과 구분됩니다.

3. Decision Height(DH)

계기 비행에서 사용되는 용어입니다. 우리말로 '결정고도(높이)'
정도로 번역이 가능할 것입니다.

활주로 상황이 좋지 않거나, 항공기에 문제가 생겨서 착륙을 못
할 경우가 생깁니다. 이 경우에는 활주로 상공을 저공 접근(Low ap-
proach)을 해 다시 올라가야(고어라운드, Go Around) 합니다.

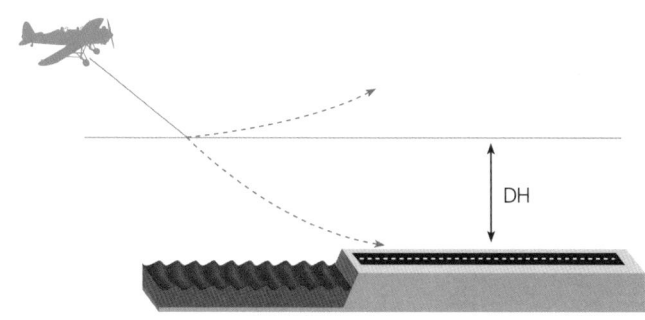

그런데 결정고도(Decision Height, DH) 아래에서는 착륙하던 항공기를 조작해 다시 올라갈 수 없습니다. 결정고도는 다시 올라갈지, 착륙할지 결정해야 하는 데드라인(Dead Line)인 것입니다. 머뭇거릴 수 없습니다. 착륙을 결정했다면, 착륙 모드로, 착륙하지 못할 경우에는 고어라운드 모드로 빨리 전환해야 합니다.

공항마다 활주로가 위치한 해발 고도나 활주로의 길이와 같은 물리적인 환경이 다르기 때문에 DH는 모두 다릅니다. 물론 항공기 종류에 따라서도 DH가 달라집니다.

DH는 계기가 알려주기도 하지만, 정말 중요한 정보이기 때문에 관제사가 한 번 더 체크를 하고 조종사에게 말해줘야 합니다. 착륙 단계에서의 중대한 결정의 순간이기 때문입니다.

우리가 살다 보면 중요한 결정을 해야 하는 순간이 수없이 많이 있습니다. 사랑하는 사람에게 마음을 고백해야 하는 떨리는 순간, 분명히 누구에게나 찾아옵니다. 적절한 타이밍을 놓쳐버리면, 또 다시 기회가 오지 않을 수도 있습니다. 결정고도를 잘 파악해놓아야 합니다.

분명히 좋은 타이밍이 있을 것입니다. 하지만 복잡한 마음과 주변의 상황들이 우리의 판단을 흐리게 합니다. 상황에 따라서 결정고도가 다를 것입니다. 분명한 것은 내가 모든 것을 결정해야 한다는 것이죠. 오직 내가 한 경험이나 직관에 의존해야 합니다.

내 마음을 고백할 타이밍을 놓치면 안 됩니다. 영원히 오지 않을 기회일 수도 있습니다. 차일피일 미뤄둔 중대한 결정을 해야 하는 상황도 마찬가지입니다. 다시 오지 않을 좋은 기회를 잘 살리시기 바랍니다.

싱가포르 창이공항은 쾌적한 공항으로 유명합니다. 이용하는 사람 수에 비해 공항이 크다고 합니다. 공항에서는 다양한 목적지로 출발하게 될 많은 사람들을 만날 수 있습니다. 목적지만큼이나 인생의 중대한 결정을 해야 하는 순간들이 많이 있습니다.

어둠과 안개에 가려 보이지 않는 결정고도를 다시 생각해봅니다. 또 다른 꿈을 향해 고어라운드를 해도 되고, 이제 여기서 그만 착륙을 해도 됩니다.

3장. 변화

막연한 걱정과 두려움 때문에 누군가에게 의존하거나 조언을 갈망한 과거가 있었나요? 용기가 없어 중요한 결정의 순간, 고백의 순간을 날려 보낸 아쉬움은 없었나요? 그렇다면 이제부턴 여러분들의 직관이나 경험을 믿어보는 것이 어떨까요? 용기가 필요함은 물론입니다.

4장

연결

- 새로운 세상과의 만남

기억 속 점들 사이의 연결
수학의 개념들을 견고하게 연결해보세요

$\int x$

한국의 대부분 중고등학교에서는 공개 수업 일정을 잡고 학부모들의 수업 참관을 권장합니다. 교사들은 보통 한 학기에 한두 번씩 의무적으로 수업을 공개해야 합니다. 제가 지금 근무하고 있는 싱가포르의 학교에서도 마찬가지로 학부모들을 수업 시간에 초대해 수학에 대한 담론을 같이 나누었습니다. 많은 분들이 오셨습니다. 학교와 수업에 관한 관심이 뜨겁습니다.

한국에서 했었던 공개 수업이 떠올랐습니다. 저는 몇 년 전 고등학교의 수학 심화 선택 과목인 '미적분' 수업을 공개했습니다. 아주 특별했던 경험이었습니다. 한 학부모님이 수업을 참관한 후에 가끔 와서 제 수업을 청강하고 싶다는 말씀을 하셨습니다. 저는 흔쾌히 수락했고 그분은 이후 여러 번 더 오셨습니다. 누구보다 진지

하게 수업에 임하셨고 덕분에 학생들이 보다 적극적으로 수업에
참여할 수 있었습니다.

다음 해 또다시 '미적분' 과목을 가르치게 됐습니다. 이번에는
학부모를 비롯하여 수학에 관심이 조금이라도 있는 교직원들에게
한 학기 모든 수업을 공개하기로 했습니다. 대부분 사람들은 수학
을 싫어합니다. 사실 학창 시절 '수학'이 남겨준 상처와 오해를 '미
적분' 수업을 통해 조금이나마 풀어주고 싶은 마음도 있었습니다.

하지만 끝까지 함께하는 사람은 없었습니다. 공통된 의견이 수
학이 너무 어렵다는 것이었습니다. 학교 수학에서 가장 어렵다고
하는 '미적분' 수업에 초대한 것부터 무모한 도전이었을 것입니다.

미적분

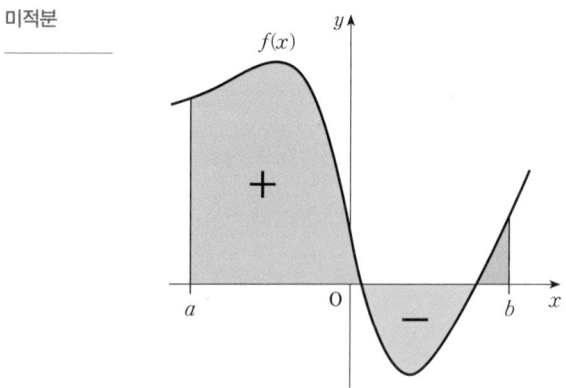

수학은 그 자체가 어려운 학문입니다. 특히 학년이 올라갈수록
소수의 뛰어난 수학자들이 만들어놓은 개념을 학습해야 하기 때

4장. 연결

오마르 카얌(1048~1131)과
그의 저술

문에 대부분의 평범한 사람들은 수학이 너무 어렵습니다. 가르치

는 사람도 어렵고 또 배우는 사람은 더 어렵다는 것을 인정합니다.

이제 몇 명의 위대한 수학자들을 소개하려고 합니다. 어쩌면 이

들로부터 어려운 수학을 조금 덜 어렵게 공부할 수 있는 실마리를

찾을 수 있을지도 모르기 때문입니다.

먼저 소개할 수학자는 아랍의 수학자 오마르 카얌(Omar Khayy-

am, 1048~1131)입니다. 아마 이름을 들어보지 못한 생소한 수학자

일 겁니다. 저도 박사학위 논문을 쓰면서 처음 알게 된 학자입니

다. 그는 우리에게 낯선 수학자이지만, 삼차방정식 해결의 역사에

서 아주 중요한 역할을 했습니다. 당시 유럽은 중세시대라는 암흑

기의 긴 터널을 지나고 있었죠. 이때 아랍에서 활동하고 있던 오마

르 카얌은 모든 종류의 삼차방정식의 해를 도형의 조합으로 구할 수 있는 방법을 발견했습니다.

현재 우리는 삼차방정식의 세 개의 근을 구할 수 있는 아주 복잡한 공식을 알고 있습니다. 르네상스가 끝날 무렵인 16세기 초, 이탈리아의 수학자들이 발견해낸 공식입니다. 삼차방정식의 대수적 해법은 고대 그리스 시대 이후 근대 수학자들이 이룩한 최초의 주목할 만한 성과임은 분명합니다.

삼차방정식의 근의 공식

$ax^3 + bx^2 + cx + d = 0 \, (a \neq 0)$에 대하여 세 근 x_1, x_2, x_3은

$$x_1 = -\frac{b}{3a}$$
$$-\frac{1}{3a}\sqrt[3]{\frac{2b^3 - 9abc + 27a^2d + \sqrt{(2b^3 - 9abc + 27a^2d)^2 - 4(b^2 - 3ac)^3}}{2}}$$
$$-\frac{1}{3a}\sqrt[3]{\frac{2b^3 - 9abc + 27a^2d - \sqrt{(2b^3 - 9abc + 27a^2d)^2 - 4(b^2 - 3ac)^3}}{2}}$$

$$x_2 = -\frac{b}{3a}$$
$$+\frac{1 + i\sqrt{3}}{6a}\sqrt[3]{\frac{2b^3 - 9abc + 27a^2d + \sqrt{(2b^3 - 9abc + 27a^2d)^2 - 4(b^2 - 3ac)^3}}{2}}$$
$$+\frac{1 - i\sqrt{3}}{6a}\sqrt[3]{\frac{2b^3 - 9abc + 27a^2d - \sqrt{(2b^3 - 9abc + 27a^2d)^2 - 4(b^2 - 3ac)^3}}{2}}$$

$$x_3 = -\frac{b}{3a}$$
$$+\frac{1 - i\sqrt{3}}{6a}\sqrt[3]{\frac{2b^3 - 9abc + 27a^2d + \sqrt{(2b^3 - 9abc + 27a^2d)^2 - 4(b^2 - 3ac)^3}}{2}}$$
$$+\frac{1 + i\sqrt{3}}{6a}\sqrt[3]{\frac{2b^3 - 9abc + 27a^2d - \sqrt{(2b^3 - 9abc + 27a^2d)^2 - 4(b^2 - 3ac)^3}}{2}}$$

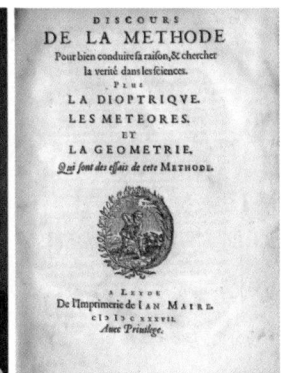

르네 데카르트(1596~1650)와
그의 저서 『방법서설』

그러나 이 공식이 세상에 나오기 약 500년 전 아랍에서 이미 도형들의 조합으로 삼차방정식의 해를 구할 수 있는 방법을 알고 있었던 것이지요. 방정식은 문자와 기호로 대변되는 대수(algebra, 代數)의 영역이며, 도형은 기하(geometry, 幾何)의 영역입니다. 아랍이라는 변방에서 활동하고 있던 수학자가 대수와 기하를 연결하여 모든 종류의 삼차방정식을 독특한 방법으로 해결한 것입니다.

한 명의 수학자를 더 소개합니다. 철학자로 널리 알려진 르네 데카르트(René Descartes, 1596~1650)입니다. 데카르트는 그의 철학적 방법의 전반적인 내용을 담은 『방법서설(Discours de la Méthode)』을 세 권의 부록과 함께 1637년에 출간했습니다. 세 권의 부록 중 마지막 권이 '기하학(La Géométrie)'으로 수학책입니다.

그는 대수를 통해 기하 문제에 접근하는 방법을 놀라울 만큼 체계적으로 제시하면서 『방법서설』의 마지막 마침표를 찍었습니다.

좌표평면의 개념을 도입한 것으로 알려진 그는 고대 그리스에서 정의된 원뿔곡선을 x, y의 기호를 사용하여 대수방정식으로 표현했습니다. 예를 들어 하늘로 던진 물체가 그리는 포물선을 $y = -x^2$이라는 방정식으로 표현한 것입니다.

그는 움직이는 어떤 물체라도 반드시 방정식으로 표현하고 좌표평면에 그래프로 나타내어 서로를 연결했습니다. 이것은 당시엔 획기적인 발상이었습니다. 복잡한 자연현상을 종이와 연필의 세계로 가져온 것입니다.

그래프를 그리고 대수식과 연결하여 물체의 운동을 최초로 연구한 데카르트는 이후 뉴턴과 라이프니츠가 미분법을 발견하고 학문으로서의 미적분학을 체계적으로 완성하는 데 큰 도움을 주게 됩니다.

앞에서 소개한 두 수학자는 물론이고 대부분의 수학자들은 수학을 지탱하고 있는 대수와 기하라는 큰 기둥을 잘 연결하는 능력이 있습니다. 페르마의 마지막 정리를 350여 년 만에 증명하여 큰 화제가 된 와일즈 교수도 결국에는 대수 문제를 기하 문제로 환원하여 난제를 해결할 수 있었습니다.

이제 평범한 사람들의 수학으로 돌아오겠습니다. 수학을 공부하다 보면 다양한 수식이나 도형들을 만나게 됩니다. 수많은 수학교

앤드루 와일즈(1953~)와 페르마의 마지막 정리

육 연구들은 같은 개념들의 다양한 표현을 체계적으로 연결할 수 있는 능력이 중요하다는 것을 밝혀냈습니다. 수학에서 다양한 표현들은 식, 그래프, 표와 같은 것입니다. 이들을 유기적으로 연결하는 것이 수학 학습의 핵심이라고 할 수 있습니다.

이번엔 새로운 문제를 해결하는 상황을 생각해봅시다. 문제를 해결하기 위해서는 이미 알고 있는 지식을 연결하는 과정이 꼭 필요합니다. 마치 기억 속에 저장된 점들 사이의 연결 고리를 찾아 상호 연결하는 것과 같습니다. 학술적으로는 유추(analogy)라는 용어를 쓴다고 했지요.

특히, 수학 문제를 잘 푸는 학생은 새롭게 주어진 문제와 이미 풀어본 문제를 지속적으로 연결시키려고 노력한다는 사실이 밝혀졌습니다. 심지어 그들은 의식적이고 의도적으로 사전 지식과의 연결을 시도한다고 합니다.

비단, 수학 문제뿐이겠습니까? 최근에 화두가 되고 있는 창의성이라는 특성도 다르지 않습니다. 창의성은 오랜 시간의 경험과 사전 지식이 새로운 상황과 연결될 경우에 발현됩니다. 한 영역에서의 아이디어를 또 다른 영역에서 재해석하면서 기존의 틀을 새로운 관점에서 이해할 수 있게 되어 해결할 수 없었던 문제에 대한 통찰을 얻을 수 있기 때문입니다.

또 다른 영역이라는 것은 우리가 모르는 제3의 영역을 말하는 것이 아닙니다. 이미 기억 속 어딘가에 점으로 저장되어 있는 지식입니다. 사실, 우리가 새로운 문제를 해결하는 상황에서 꼭 필요한 지식을 기억 속에서 탐색하고 찾아내는 일이 가장 어렵습니다. 점 사이의 연결은 그 이후의 문제입니다.

천리 길을 가기 위해서는 우선 집 밖으로 나와야 합니다. 수학이라는 거대한 산에 있는 아름다운 숲과 나무들을 관찰하기 위해 우리가 이미 알고 있는 가장 가까운 수학 지식들을 찾아보고 견고한 선으로 한번 연결해봅시다.

수학 언어로 세상을 읽다

수학으로 감정과 느낌도 표현할 수 있습니다

fx

싱가포르에 살다 보면 다양한 언어를 쉽게 접할 수 있습니다. 이곳은 영어, 중국어, 말레이어, 타밀어를 공식 언어로 사용합니다. 주로 영어와 중국어를 쓰지만, 지하철과 같은 공공장소에서는 네 개의 언어가 차례로 방송됩니다. 정부에서도 우편물을 발송할 때 동일한 내용을 네 개의 언어로 달리 표현해 제공하고 있습니다.

제가 근무하고 있는 학교에는 다양한 국적의 교직원들이 함께 생활하고 있습니다. 영어를 비롯한 여러 언어를 사석에서 쉽게 들을 수 있습니다. 무슨 뜻인지는 잘 몰라도 어떤 나라의 언어인지 이제 감은 옵니다.

언어는 의사소통의 도구이자 사고의 매개체입니다. 언어 표현을 바탕으로 또 다른 생각을 이어갈 수 있습니다. 우리는 아름다운 하늘에 떠 있는 구름이나 무지개를 알고 있습니다. 하늘, 구름, 무지개와 같은 단어를 통해 생각이 연결됩니다. 물론 표현의 도구는 여러 가지입니다. 그림이나 음악으로 우리의 생각을 표현하고 즐길 수도 있습니다.

인류 역사의 한 획을 그은 위대한 표현들이 있습니다.

아인슈타인은 단 한 줄의 방정식을 통해 질량에 따른 시공간의 휘어짐을 표현했습니다. 아인슈타인 방정식 한 줄은 우주를 이해할 수 있는 가장 아름다운 표현입니다.

아인슈타인의 장방정식

$$R_{\mu\nu} - \frac{1}{2}g_{\mu\nu}R + \Lambda g_{\mu\nu} = \frac{8\pi G}{c^4} T_{\mu\nu}$$

질량에너지와 시공간의 휘어짐의 관계를 표현한 한 줄의 식

또한 베토벤은 청력을 완전하게 잃은 상태에서 그의 모든 교향곡 중에서 가장 뛰어난 작품으로 인정받고 있는 〈교향곡 제9번〉을 완성했습니다. 예술가들은 극한의 아름다움을 작품에 녹여냅니다. 음악을 듣거나 그림을 감상하면서, 창작을 위해 작가가 감내해낸 창조의 고통과 고뇌를 느껴볼 수 있습니다.

4장. 연결

수학의 언어는 수식입니다. 수학을 잘하기 위해서는 수식에 익숙해지는 과정이 필요합니다. 수학자들은 대자연에 숨긴 의미를 찾기 위해 방정식을 만지작거리며, 수학 선생님들은 칠판에 함수의 식을 쓰고 그래프도 그리면서 수학의 신비를 학생들과 공유합니다.

일찍이 불교의 발상지 인도에서는 아무것도 없는 無(무), 혹은 비어 있다는 의미의 空(공)을 '0'이라는 수로 표현했습니다.

수학에서 0을 수로 받아들인 후, 더 많은 수식을 표현할 수 있었습니다. 특히 무한을 엄밀하게 정의할 수 있었습니다. 학교에서 배운 미적분 지식만 있으면 순간과 무한이라는 어려운 개념을 수식으로 표현할 수 있습니다.

수식으로 나타낸 무한의 신비를 한번 살펴볼까요?

$$\frac{x}{x+1}$$

위 식에서 x가 자연수라고 해봅시다. $\frac{1}{2}$이나 $\frac{2}{3}$와 같은 수가 될 수 있겠죠. 조금 더 큰 자연수를 생각하면, $\frac{99}{100}$도 가능합니다.

그런데 신기하게도 x가 무한히 커지면, 위 식의 값은 1과 차이가 없게 됩니다. 무한히 큰 x에 대하여 $\frac{x}{x+1}$와 1이 어떤 작은 수만큼의 차이가 있다고 하면 모순입니다. 그 차이를 줄여줄 수 있는 더 큰 자연수 x가 항상 기다리고 있기 때문입니다. 결국 두 수의 차는 0이라고 할 수 있죠. 차가 0인 두 수는 같은 것입니다.

우리가 배운 수학에서는 극한을 이용하여

$$\lim_{x \to \infty} \frac{x}{x+1} = 1$$

이라는 수식으로 간단히 표현합니다. 같은 이유로 0.9999…는 1
과 다르지 않습니다.

중학교에서 열심히 외웠던 '근의 공식'을 기억하고 있을 것입니
다. 이차방정식 $ax^2 + bx + c = 0 (a \neq 0)$의 근을 구할 수 있는 공식
입니다. a, b, c의 값만 대입하면 모든 이차방정식의 근을 구할 수
있습니다.

이차방정식의 근의 공식

_____

$$x = \frac{-b \pm \sqrt{b^2 - 4ac}}{2a}$$

조금은 복잡하지만, 삼차방정식과 사차방정식의 근의 공식도 있
습니다. 중복된 근을 각각 센다면 정확히 방정식의 차수만큼의 해
가 복소수 범위 내에 존재합니다. 위대한 수학자 가우스가 그의 박
사학위 논문에서 증명한 내용입니다(가우스는 2장에서 소수를 다룰
때 같이 살펴본 수학자입니다). 이차방정식은 두 개, 삼차방정식은 세

개, 100차방정식은 정확히 100개의 근이 존재합니다.

수학자들은 사차방정식까지 근의 공식을 찾았습니다. 그러나 5차 이상의 방정식은 근의 공식이 없습니다. 인간의 무지로 인하여 아직까지 발견하지 못한 것이 아닙니다. 기존에 우리가 알고 있는 기호로 근을 쓸 수가 없습니다. 즉, 계수들의 사칙연산이나 거듭제곱근을 사용한 식으로 5차 이상의 방정식의 일반적인 근을 표현할 수 없습니다.

천재 수학자인 아벨(Niels Henrik Abel, 1802~1829)과 갈루아(Évariste Galois, 1811~1832)가 이 사실을 증명했습니다. 5차방정식은 분명히 복소수 범위에서 다섯 개의 근이 있지만, 우리가 알고 있는 기호로 근을 구하는 공식을 표현할 수가 없습니다.

기존의 방식으로 근을 나타낼 수 없게 되자, 수학자들은 근을 표현하기 위하여 새로운 기호와 표현법을 만들었습니다. 5차방정식의 해를 연구하는 과정에서 군론(Group Theory)을 포함한 현대대수학이 발전하게 됩니다. 또 다른 수학의 세계가 열린 것입니다.

대수방정식과 근에 대한 내용을 짧은 몇 개의 문단으로 소개했지만 조금 어렵습니다. 대학의 수학과에서 한 학기 또는 두 학기에 걸쳐 다루는 추상대수학(Abstract algebra)의 내용입니다.

새로운 표현이 또 다른 해석을 만들어낸 예를 중국의 고전『주역(周易)』에서도 찾을 수 있습니다.『주역』은 '위편삼절(韋編三絶)'의 주인공으로 공자가 가죽 끈이 세 번 떨어질 때까지 읽었다는 책으로 유명합니다. 또 뉴턴과 함께 미적분학을 창시한 독일의 수학자 라이프니츠(Gottfried Wilhelm Leibniz)가『주역』에 관심이 많았다고 합니다. 그는『주역』의 기초가 되는 음과 양 두 가지 기호를 통해 0과 1, 두 가지 숫자로 수를 표현하는 이진법을 생각해냅니다. 이진법은 오늘날 컴퓨터 언어를 지탱하는 보편 언어가 되었지요.

『주역』은 대자연의 변화와 인간의 삶을 해석한 지혜의 책이자 철학서입니다. 서양에서는 이 책을 'The book of change'로 번역하고 있습니다. 우리는『주역』에서 하늘, 땅, 물, 바람 등과 같은 자연 현상을 나타내는 8개의 작은 괘와 이들을 상, 하로 엮어 64개의 조합으로 분류한 독특한 표현 방식을 만날 수 있습니다.『주역』을 보

『주역』 64괘의 기본 원리와 2진법 · 10진법

음양	8괘	2진법	10진법
--	☷	000	0
	☶	001	1
	☵	010	2
	☴	011	3
—	☳	100	4
	☲	101	5
	☱	110	6
	☰	111	7

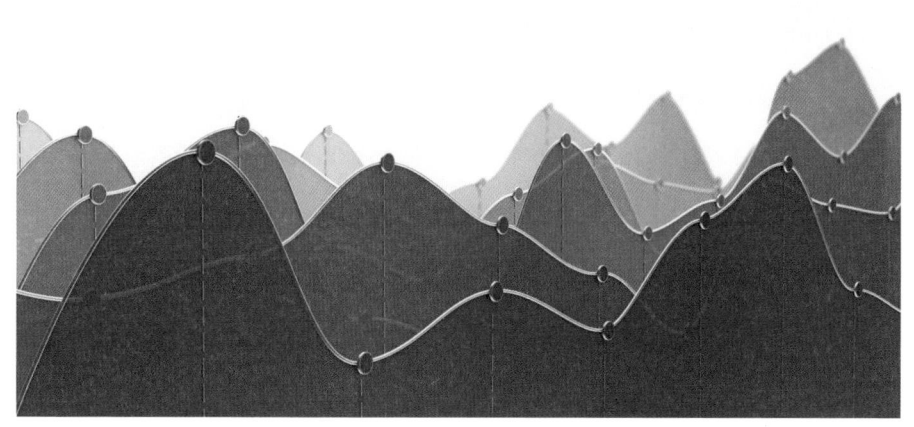

면, 중간 부분이 끊어진 막대와 긴 막대를 볼 수 있는데요. 음과 양을 의미합니다. 음과 양이 여섯 개의 자리에 배치되어 하나의 괘가 만들어집니다. 괘가 만들어지는 경우의 수는 총 $2^6 = 64$개이지요.

64개의 괘에 변화무쌍한 인간사와 대자연의 질서가 오묘하게 표현되어 있습니다. 선택지가 64개가 있으며 또 각 괘에는 우리 삶에 적용할 수 있는 잠언들이 있기 때문에 『주역』책으로 점(占)도 칠 수 있는 것입니다.

심증(心證)은 있되 물증(物證)이 없는 경우가 있죠. 우리의 감정과 느낌의 실체가 궁금할 때가 있습니다. 예를 들어 주식을 사고파는 상황을 생각해봅시다. 현재 최고점이고 주가가 떨어질 것 같습니다. 주식을 팔고 싶은 생각이 듭니다. 반대의 경우도 마찬가지입니다. 최저가라고 느껴지면 주식을 사야 합니다.

우리가 사는 세상에서 부침을 순환적으로 반복하는 현상이 많습니다. 주가나 바이오리듬이 대표적인 예가 됩니다. 이들 현상은 sin과 cos 함수로 적당히 표현됩니다. 그리고 sin과 cos 중 어느 한 가지 함수만으로 나타낼 수 있습니다.

삼각함수의 미분을 떠올려봅시다. $\sin x$를 한 번 미분하면 $\cos x$가 되며 두 번 미분하면 $-\sin x$가 됩니다. 마찬가지로 $\cos x$는 두 번 미분하면 $-\cos x$입니다. 두 번 미분을 하는 것은 가속도를 구하는 것이고, 가속도는 물리학적으로 힘과 관련되어 있습니다.

$\sin x$와 $-\sin x$, $\cos x$와 $-\cos x$는 대척점에 있는 값들입니다. 반복되는 상황을 굴러가게 하는 힘은 현재의 상태와는 정반대로 작용한다는 사실을 식으로 알 수 있습니다. 즉, 최고점일 경우에 힘이 가장 약하며, 최저점이면 힘이 가장 강합니다.

따라서 잘 나가고 있을 때 방심은 금물입니다. 또한, 지금 내 모습이 초라하고 더 이상 내려갈 곳 없는 바닥처럼 느껴진다면 힘이 가장 강할 때이므로 용기를 가져야 합니다. 불황의 끝일 것 같은 지점이야말로 나를 변화시킬 수 있는 에너지가 가장 강한 곳입니다.

이처럼 수학의 언어는 우리가 느끼는 감정이나 직관이 작용하는 방식을 명쾌하게 표현해주며, 더 나아가 삶에 적용할 수 있는 풍부한 해석을 선물해줍니다.

나를 이 자리에 있게 해준 부모님과 선생님, 인생의 멘토가 있다면 그분들에게 어떤 식으로든 고마움을 표현해보십시오. 표현의 방법은 여러 가지가 있겠습니다. 따뜻한 말 한마디나 감동의 메시지를 전하는 것만으로도 새로운 관계의 가능성이 열릴 것입니다.

미분과 적분의 드라마틱한 만남
한 차원 높은 곳에 놀라운 비밀이 숨어 있습니다

fx

모든 학문의 영역을 통틀어 수학의 역사가 아마도 가장 오래되었을 것입니다. 우리는 플라톤, 아르키메데스, 피타고라스와 같은 고대 그리스의 수많은 수학자들을 익히 알고 있습니다.

특히 기원전 300년경에 활동했던 아르키메데스는 고대 그리스 수학자들 중에서 후대에 가장 많은 영향을 준 학자로 꼽힙니다. 그는 잘게 나눈 구획을 이용해 땅의 넓이를 구할 수 있는 방법을 처음으로 제시하기도 했습니다. 아르키메데스의 적분론입니다. 그는 적분론을 이용해 곡선으로 둘러싸인 부분의 넓이를 구할 수 있었으며, 원주율을 비교적 정확한 값으로 계산했습니다.

고대 그리스 시대가 끝난 후, 유럽은 긴 중세시대를 맞이합니다. 약 1000년 간 지속된 중세시대는 수학을 포함한 대부분 학문의 암

4장. 연결

흑기이기도 했습니다. 르네상스 전후로 세상이 다시 바뀌고 근대가 시작됩니다. 그리고 여러 학자들이 고대 그리스를 다시 연구했습니다. 수십 년에 걸쳐 데카르트와 같은 훌륭한 학자들의 연구가 누적되었습니다.

드디어 아르키메데스가 활동하던 시대로부터 약 2000년이 흐른후, 영국에서 뉴턴(Isaac Newton, 1643~1727)이라는 위대한 물리학자이자 수학자가 혜성처럼 나타납니다.

뉴턴은 여러 가지 업적을 남겼지만, 수학사의 관점으로는 당시 독일에서 독립적으로 연구를 하고 있던 라이프니츠와 함께 미적분학을 창시한 것으로 높은 평가를 받고 있습니다.

미적분학은 함수의 극한, 미분과 적분을 다루는 수학의 한 분야입니다. 특히, 미분과 적분의 상호 관계는 미적분학의 꽃입니다. 뉴턴은 오래전 아르키메데스가 이미 연구해놓은 적분과 그가 창시한 미분의 연결 고리를 드라마틱하게 찾아냈습니다.

보통 미적분 시간에는 미분을 먼저 배우고, 적분을 그다음 배웁니다. 사실, 적분이 훨씬 더 오래된 개념인데 말이죠. 이 글을 다 읽게 되면, 미분을 먼저 배우는 이유를 자연스럽게 알게 될 것입니다. 수학 교과서에 없는 내용이고, 또 학교에서도 잘 알려주지 않는 비밀입니다.

우선, 문제 하나를 풀어보겠습니다. 쉬운 문제입니다.

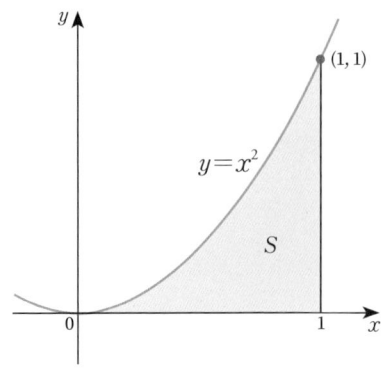

옆의 그림에서 함수 $y=x^2$의 아랫부분과 x축, 그리고 $x=1$로 둘러싸인 붉은색 부분의 넓이 S를 어떻게 구할 수 있을까요?

넓이 구하는 방법을 알고 있는 삼각형이나 사각형, 원이 아니기 때문에 적분을 이용해 넓이를 구해야 합니다. 적분론은 고대 그리스 시대부터 이미 연구된 내용입니다. 곡선 아랫부분을 아주 잘게 나누어(아래 그림 참고) 넓이의 근삿값을 구할 수 있습니다. 그런데 이 값을 구하기 위한 계산이 복잡하고 오래 걸립니다. 왜냐하면, 여러 개의 작은 직사각형의 넓이를 구해야 하거든요. 물론 아무리 잘게 쪼갠다고 하더라도 정확한 값이 아니라는 문제도 있습니다.

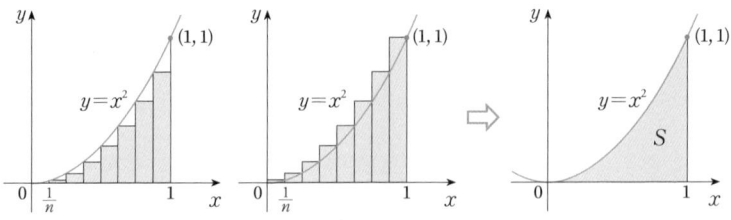

뉴턴은 '**미분**'에서 넓이 S를 구할 수 있는 힌트를 얻었습니다.[*]

4장. 연결

문제로 돌아가 봅시다. 함수 $f(x)=x^2$의 아랫부분과 x축, $x=1$로 둘러싸인 부분의 넓이를 구하는 것이 문제였습니다. 뉴턴은 넓이를 구하기 위해 미분을 해서 x^2이 나오는 함수를 찾았습니다.

"미분을 해서 x^2이 나온다." 조금 어려운가요? 수학에서는 '**원시함수**'라고 합니다.

아마 미적분에 관한 기초지식만 있다면, $\frac{1}{3}x^3$을 미분하면 x^2이 된다고 알고 있을 것입니다. 즉, x^2의 원시함수가 $\frac{1}{3}x^3$입니다.

뉴턴의 방법을 이용하면, 넓이 S는 원시함수를 구한 다음에 x의 양쪽 끝 값들을 넣어 빼주기만 하면 구할 수 있습니다. 이것이 바로 유명한 **미적분학의 기본 정리**입니다. 원시함수의 x값에 1과 0을 넣은 후, 뺄셈을 해서 넓이를 구해보면 다음과 같습니다.

$$S=\frac{1}{3} \cdot 1^3 - \frac{1}{3} \cdot 0^3 = \frac{1}{3}$$

원시함수에 x의 양 끝 값을 대입한 차를 이용해 넓이를 구하는 방법을 수학에서는 (정)적분을 한다고 합니다. (정)적분하기 위해선 주어진 함수의 원시함수만 찾으면 됩니다.

---

*   뉴턴 이전에도 전혀 다른 개념인 미분과 적분이 서로 연결되어 있다는 것을 연구한 수학자들이 있었습니다. 그중 대표적인 인물이 뉴턴의 스승인 케임브리지 대학교의 아이작 배로(Isaac Barrow, 1630~1677) 교수입니다. 뉴턴은 이들의 연구업적을 집대성해 일반화시켜 미적분학의 발전에 큰 영향을 주었습니다.

이 원시함수를 찾기 위해서 필요한 개념이 미분입니다. 원시함수를 미분했을 때, 주어진 함수가 나오니까 말이죠. 미분법을 체계적으로 연구할 수 있었던 뉴턴과 그의 동료들이 최초로 할 수 있었던 생각입니다. 미분을 알아야 적분을 할 수 있기 때문에 학교에서도 미분을 먼저 배우는 것입니다.

원시함수는 원래의 함수인 이차함수 $y=x^2$보다 차수가 하나 높은 삼차함수 $y=\frac{1}{3}x^3$입니다. 한 차수만 올려서, 어려운 넓이를 보다 간단하게 구했습니다.

"한 차원 높은 곳에 놀라운 비밀이 숨어 있습니다.
그리고 한 차원 높은 세상에서
문제가 더 심플하게 해결됩니다."

또 다른 내용 전개를 위해 차원 이야기를 해야 합니다. '4차원 세상'이라는 말을 들어보셨나요? 차원은 우리가 살고 있는 공간과 밀접한 관련이 있습니다. 0차원은 점, 1차원은 선입니다. 단순합니다. 선에서는 단 하나의 숫자로 위치가 표현됩니다.

2차원은 면이겠죠. 만일 운동장에서 사는 개미가 있다면, 2차원 세상만을 보게 됩니다. 개미의 위치는 두 개의 숫자를 순서쌍으로 나타내면 표현이 가능합니다. 중학교에서 배운 좌표평면을 기억한

4장. 연결

다면 이해하기 쉽습니다.

3차원은 우리가 살고 있는 공간입니다. 날아다니는 새를 생각하면 됩니다. 새의 위치는 두 개의 숫자만으로는 표현할 수 없습니다. 높이가 있기 때문입니다. 세 개의 숫자가 필요합니다. 그래서 3차원입니다.

차원이 올라갈수록 시야가 넓어집니다. 2차원 평면 위를 움직이는 개미들은 서로가 평면상에서 어디에 위치해 있는지 정확히 모릅니다. 하지만 3차원을 날아다니는 새는 시력만 좋다면, 개미들의 위치를 정확히 볼 수 있습니다. 새가 개미의 바로 앞에 앉아 있다가 멀리 날아가 앉게 되면 개미는 어떤 생각을 할 수 있을까요? 개미들의 관점에서 보면, 새가 갑자기 순간 이동을 한 것입니다.

이제 드디어 4차원입니다. 4차원은 3차원 공간에 시간이 추가됩니다. 저기 날아가는 새의 현재 위치를 생각해봅시다. 그런데 시간이 갑자기 다음 날 이 시간으로 바뀌면 또 다른 장면이 연출될 것입니다.

개미가 연속적으로 간 길을 우리는 보폭이 넓은 발걸음으로 움직일 수 있습니다. 시간의 개념도 마찬가지입니다. 4차원 세상에서 우리는 누군가의 보폭 넓은 시간차 이동을 두려운 마음으로 감상해야 할지도 모릅니다. 만일 UFO가 있다면, 순간 이동은 이런식으로 작동할 것입니다.

사실, 우리는 4차원 세상에서 살고 있습니다. 예를 들어 친구와 만나기로 약속을 정한다고 할 때, 장소와 함께 반드시 시간을 정해야 합니다. 시간이라는 하나의 차원이 더 필요합니다. 아인슈타인이 제시한 시공간이라는 개념을 생각해야 합니다.

또 하나의 차원인 '시간'의 상대성을 잘 보여주는 과학 영화가 많이 있지요. 우주선을 타고 우주 여행을 하고 돌아오게 되면 상대적으로 적은 시간을 사용하게 되는 반면, 지구는 훨씬 많은 시간이 흘러가 있죠. 실제로 똑같은 시계를 어디에 두느냐에 따라서 시간이 상대적으로 느리게 가고, 또 빠르게 가기도 합니다.

가끔 일이 너무 복잡하게 꼬여 있어, 해결의 실마리가 보이지 않을 때가 있습니다. 미적분학의 기본 정리에서 지혜를 빌려볼 수 있을 것입니다. 우리는 넓이를 구하기 위해서 주어진 함수의 원시함수를 찾기만 하면 되었습니다. 원시함수를 찾는 것은 보다 높은 차원으로 이동하는 것입니다. 넓이를 구할 때, 원시함수를 찾아 양끝 값을 대입한 후, 빼주는 아주 간단한 작업만 했다는 것을 기억하시겠죠?

그렇다면, 어떻게 한 차원을 올려서 상황을 관망할 수 있을까요? 어떻게 원시함수를 찾을 수 있을까요? 4차원 세상에서 우리가 생각해본, 시간이라는 요소가 중요한 열쇠가 될 것입니다.

이슬람 신도는 하루에 다섯 번씩, 정해진 시간에 맞춰 기도해야

이슬람 사원 모스크(말레이시아 쿠알라룸프 소재)

합니다. 보통 이슬람 사원의 입구에는 세계 각국 이슬람 사원의 시계들이 있습니다. 그들은 다양한 시간이 공존하고 있는 경건한 공간에서 간절하게 기도합니다.

도저히 해결될 수 없을 것 같은 일들이 있습니다. 보다 높은 차원에서 문제를 바라보고 싶습니다. '원시함수'는 도대체 어디에 있나요? 한 차원 높은 원시함수를 찾기만 한다면, 그다음부턴 문제가 보다 심플하게 풀릴 텐데 말이죠.

시간과 공간이 차원입니다. 시공간이라는 차원을 넘나들면서 여러 각도에서 상황을 분석하는 것은 어떨까요? 지금도 모스크 사원에는 하루에 몇 번씩이라도 시간을 정확하게 맞춰가면서 간절하게 기도를 하는 이슬람 신도들이 있습니다. 그들에게는 모스크라는 장소도 중요하고, 시간도 중요합니다.

시공간을 초월한 물건이 늘 우리 곁에 있습니다. 영화 〈인터스텔라〉의 첫 장면을 기억하시는지요. 먼 미래에서 온 아버지 쿠퍼와 딸이 모스 부호를 통해 대화할 수 있도록 한 매개체가 무엇이었나요? 바로 책입니다. 우리는 책을 통해 시공간을 초월한 에너지를 얻을 수 있습니다. 저는 독서를 통해 어두운 그늘을 걷어낼 수 있다는 믿음을 갖고 있습니다. 나만의 '원시함수'는 수많은 책들 중 어딘가에 잘 기록되어 있을 것입니다.

고대 그리스에서 탄생된 적분은 미분을 만나기 위해 2000년을 기다렸습니다. 지금도 그 어딘가에는 여러분을 만나기 위해 오랜 세월을 기다린 '원시함수'가 있을 것입니다. 한 차원 높은 '원시함수'와의 드라마틱한 만남을 기대합니다.

위대한 역사를 남기셨나요?
과거와 현재 그리고 미래는 결국 연결됩니다

fx

수학 교과서에 나오는 내용 중에는 오래된 진리들이 많습니다. 인류의 역사에서 수학은 무척 일찍부터 발달한 학문입니다. 비교적 최근에 나온 개념들을 고등학교에서 다루기도 하지만, 그것마저도 몇백 년 전의 수학입니다.

중학교에서 배우는 도형들은 기원전 고대 그리스의 기하학입니다. 2000년 이상이 된 오래된 수학입니다. 여러분은 도형 하면, 어떤 수학자가 떠오르시나요? 피타고라스라는 수학자가 생각나는지요?

피타고라스 정리는 직각삼각형 세 변 사이의 관계입니다. 가장 긴 변의 제곱은 나머지 두 변 길이의 제곱의 합과 같습니다. 세상에 존재하는 모든 직각삼각형에 적용되는 식입니다. 오래전 피타고라스가 발견한 정리입니다. 후손들은 피타고라스를 기념하기 위

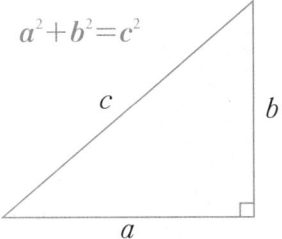

$$a^2 + b^2 = c^2$$

해 그의 고향인 그리스 사모스 섬에 직각삼각형 모양의 동상을 세웠습니다.

찬란한 문명을 꽃피웠던 고대 그리스 시대의 학자들을 생각해봅니다. 플라톤, 아르키메데스, 유클리드, 아폴로니우스… 기원전에 활동했던 수학자들입니다. 영원할 것만 같았던 고대 그리스는 로마 제국에 의해 정복됩니다. 중세시대가 시작되고 유럽엔 학문의 암흑기가 찾아왔습니다. 많은 책들과 기록들이 유실되었습니다.

다행스럽게 아랍 지역으로 흘러간 고대 그리스 문화의 씨앗에 의해 학문의 계통을 이어갈 수 있었습니다. 고대 그리스의 수학은 모습을 조금 달리하여 아랍 수학자들에 의해 계승, 발전됩니다.

수학뿐만이 아니라, 학문과 문화 전체에서 이들은 고대 그리스의 영향을 받아 이슬람 황금시대를 열게 됩니다. 이후 아랍의 수학은 다시 유럽에 영향을 주게 되고, 르네상스 이후 근대와 현대의

사모스 섬의 피타고라스 동상과
직각삼각형

수학에 영향을 미칩니다. 결국 고대 그리스 수학의 정신이 현대의
수학에 스며들어 있다고 볼 수 있습니다.

　고대 그리스에서는 주로 기하학(Geometry, 幾何學)을 연구했습니
다. 기하학은 우리가 살고 있는 공간과 도형을 연구하는 수학의 한
분야입니다. 플라톤 학당의 입구에는 "기하학을 모르는 자, 들어오
지 말라."는 문구가 있었습니다. 고대 그리스의 학문은 바로 수학
이었던 것입니다.

　고대 그리스부터 계승되어 현대인들에게 지금도 영향을 주고
있는 수학 내용들이 많이 있지만, 저는 원뿔곡선(Conic Section) 이
야기를 해드리려고 합니다.

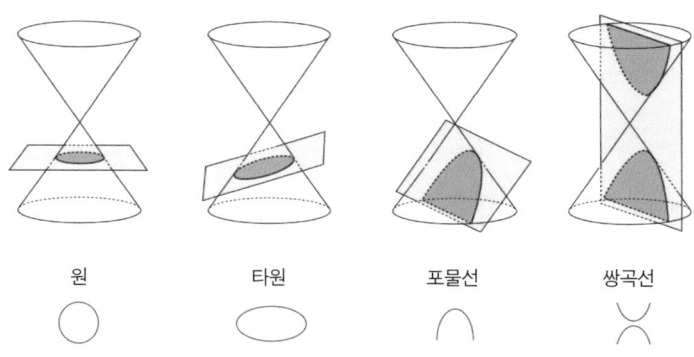

원뿔 두 개를 꼭짓점끼리 위 아래로 붙여놓은 후, 평면으로 자르면, 네 가지 종류의 원뿔곡선이 나옵니다. 고등학교에서 배운 원(circle), 타원(ellipse), 포물선(parabola), 쌍곡선(hyperbola)입니다. 고대 그리스 수학자들은 원뿔에서 유래된 이 곡선들에 관심이 많았습니다.

근대 이후에 행성과 별들의 이동 경로가 원뿔곡선 궤도라는 것이 밝혀졌습니다. 지구가 태양을 타원 궤도로 돌고 있고, 혜성의 움직임은 쌍곡선 궤도를 따릅니다. 과연 이 사실을 고대 그리스인들도 알고 있었을까요? 궁금해집니다.

고대 그리스 수학자들은 원뿔곡선들의 특징을 자세히 연구했지만, 당시에는 문자나 현대적인 수학 기호가 없었기 때문에 식으로 나타내지는 못했습니다. 수많은 세월이 흐른 다음 데카르트라는 수학자가 문자를 사용해 원뿔곡선을 이차식으로 나타낸 것이지요.

고등학교에서는 데카르트가 처음으로 문자 x, y를 활용해 이차방정식으로 표현한 원뿔곡선을 이차곡선이라는 용어로 가르치고 배웁니다.

고대 그리스의 학문이 중세 시대에 유럽에서 아랍으로 흘러들어갔다고 말씀드렸습니다. 원뿔곡선의 개념도 아랍의 수학자들이 이어 받아 연구했는데, 대표적인 수학자가 앞에서도 살펴봤던 오마르 카얌(Omar Khayyam, 1048~1131)이었습니다. 그는 원뿔곡선들의 교점을 이용해 삼차방정식을 해결하는 방법을 제시했습니다.

$$x^3 + px^2 + qx + r = 0 \ (p, q, r \in \mathrm{R})$$

현대적인 의미에서 삼차방정식을 위와 같이 표기할 수 있습니다. 하지만 당시에는 문자나 기호가 없었죠. 미지의 양(길이)을 'root' 혹은 'side'로 나타내었으며, 미지의 양을 제곱한 넓이를 'square', 미지의 양을 세제곱한 부피를 'cube'라는 용어로 나타내어 방정식을 세웠습니다.

$$(\text{cube}) + a(\text{square}) = b(\text{side}) + \text{number}$$

예를 들어 위와 같은 오마르 카얌의 표현은 현대적인 의미로 다음과 같은 삼차방정식을 의미합니다.

$$x^3 + ax^2 = bx + c$$

당시에 이차방정식의 해를 구하는 방법은 이미 잘 알려져 있었습니다. 그렇지만, 삼차방정식의 해법은 무척 난해한 것이었습니다. 고대 그리스인들은 물론이고 아랍의 수학자들도 삼차방정식의 근을 구하는 방법을 몰랐습니다.

오마르 카얌은 1000년도 더 된 고대 그리스의 원뿔곡선들에서 힌트를 얻었습니다. 한 쌍의 원뿔곡선의 조합으로 모든 종류의 삼차방정식의 해를 구하게 됩니다.

순	삼차방정식	원뿔곡선의 조합
1	$x^3 + bx = c$	포물선과 원의 교점
2	$x^3 + c = bx$	포물선과 쌍곡선의 교점
3	$x^3 = bx + c$	포물선과 쌍곡선의 교점
4	$x^3 + ax^2 = c$	포물선과 쌍곡선의 교점
5	$x^3 + c = ax^2$	포물선과 쌍곡선의 교점
6	$x^3 = ax^2 + c$	포물선과 쌍곡선의 교점
7	$x^3 + ax^2 + bx = c$	쌍곡선과 원의 교점
8	$x^3 + bx + c = ax^2$	쌍곡선과 원의 교점
9	$x^3 + bx = ax^2 + c$	쌍곡선과 원의 교점
10	$x^3 = ax^2 + bx + c$	쌍곡선과 쌍곡선의 교점
11	$x^3 + ax^2 = bx + c$	쌍곡선과 쌍곡선의 교점
12	$x^3 + ax^2 + c = bx$	쌍곡선과 쌍곡선의 교점
13	$x^3 + c = ax^2 + bx$	쌍곡선과 쌍곡선의 교점

앞의 표에 13가지 형태로 분류한 삼차방정식과 그 해를 구하기 위한 원뿔곡선의 조합이 나와 있습니다.

표에서 첫 번째로 나온 삼차방정식 $x^3 + bx = c$를 예로 들어보겠습니다. 이 방정식의 해를 구하기 위해서는 포물선과 원이라는 두 개의 원뿔곡선이 필요합니다. 현대적인 수식을 사용하지 않았지만, 오마르 카얌은 그의 용어를 사용해서 다음과 같은 포물선과 원의 조합을 생각했습니다.

$$\text{포물선 } y = \frac{x^2}{\sqrt{b}} \ \& \ \text{원 } \left(x - \frac{c}{2b}\right)^2 + y^2 = \left(\frac{c}{2b}\right)^2$$

삼차방정식에서 주어진 b와 c를 이용해 그릴 수 있는 포물선과 원입니다. 다음 그림에서 포물선과 원의 윗부분이 나와 있습니다. 두 곡선이 만나는 점의 x좌표인 S가 바로 방정식의 해입니다.

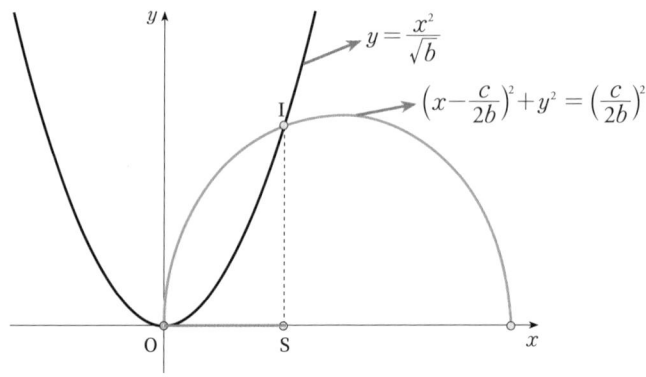

4장. 연결

물론, 그 당시에 x, y나 a, b, c와 같은 기호는 없었습니다. 글로 풀어서 썼습니다. 한번 앞의 두 식, 포물선과 원의 방정식을 연립해보겠어요? 두 식을 연립하면, 삼차방정식을 쉽게 구할 수 있습니다. 그런데, 삼차방정식만 주어졌다고 생각해보세요. 포물선과 원의 식을 생각해내는 것은 정말 어렵습니다.

안타깝게도 오마르 카얌이 아랍어로 쓴 책의 원본은 구할 수 없습니다. 다만, 라틴어나 영어로 된 번역서에서 그와 만날 수 있지요. 과연 어떻게 영감을 얻어 각 삼차방정식에 대응하는 원뿔곡선들의 조합을 찾았는지는 아무도 모릅니다. 수학자들의 발견의 논리는 대부분 철저한 '영업 비밀'입니다. 당시에는 방정식을 문자로 표현할 수 없었기 때문에 식의 조작은 거의 불가능했습니다. 아마도 천재적인 직감에 의한 것으로 보입니다. 신의 계시가 있었을지도 모릅니다.

하지만, 오마르 카얌은 그가 발견해낸 기하학적인 해결 방법이 삼차방정식의 완벽한 해법이 될 수 없다는 한계를 잘 알고 있었습니다. 그의 해법은 삼차방정식을 대수적으로 해결할 수 있는 일반적인 방법이 아니었기 때문입니다.

이차방정식의 경우 일반적인 해법인 근의 공식이 존재하는 것과 대비됩니다. 다만, 오마르 카얌은 누군가에 의해 삼차방정식이 언젠가는 완벽하게 해결될 것이라고 믿었습니다.

세월이 흘러 유럽에서 르네상스가 일어나고, 중세시대가 막을 내립니다. 시대가 중세에서 근대로 바뀝니다. 16세기 초반, 르네상스의 중심지였던 이탈리아에서 카르다노(Gerolamo Cardano, 1501~1576)를 비롯한 몇몇 수학자들에 의하여 삼차방정식의 대수적 해법이 드디어 밝혀집니다. 외롭고 고독하게 연구를 했던 오마르 카얌의 꿈이 완성되기까지는 약 500여 년의 시간이 더 필요했던 것입니다.

대수방정식에 대한 오마르 카얌의 기하학적인 해석은 도형과 방정식의 연결을 부단히 시도한 아랍 수학의 흐름을 전형적으로 보여준다고 할 수 있습니다. 오마르 카얌의 접근은 근대의 수학자 데카르트가 창시한 해석기하학에도 영향을 주게 되었다는 점에서 수학사적으로 매우 큰 가치가 있습니다.

결국에는 고대 그리스 수학, 중세 아랍의 수학, 근대의 수학이 하나로 연결된 것이죠. 칼 세이건(Carl Sagan)의 명저 『코스모스』에 영국의 과학 철학자인 토머스 헉슬리(Thomas Huxley, 1825~1895)가 남긴 말이 나옵니다.

"앎은 한정되어 있지만, 무지에는 끝이 없다. 지성에 관한 한 우리는 설명이 불가능한, 끝없는 무지의 바다 한가운데 떠 있는 작은 섬에 불과하다. 세대가 바뀔 때마다 그 섬을 조금씩이라도 넓혀 나가는 것이 인간의 의무이다."

　고대 그리스 수학자들이 남겨놓았던 원뿔곡선들이 오마르 카얌을 만났습니다. 역사적인 만남이었습니다. 미지의 세계를 탐구하면서 고대 그리스에서 답을 찾은 아랍의 오마르 카얌과 오마르 카얌의 연구 결과를 이어받은 데카르트는 끝없는 무지의 바다 한가운데 떠 있는 작은 섬을 조금 넓혀 놓았습니다.

　무한한 우주와 시간의 관점에서 보면, 우리는 지금 이 순간, 이 공간에서 저마다 역사의 한 점을 쓰고 있습니다. 이 순간의 점은 미래의 어느 순간과 분명히 연결될 것입니다.

또 다른 작은 성공
작은 성공에 만족하지 마세요

fx

중학교에서 처음 시작한 교직생활, 신규 교사는 언제나 바빴습니다. 수업 시작 종이 치면, 정신없이 수업에 들어가야 했고, 또 담임으로서 생활지도와 학생상담 등으로 일과 중에는 창밖을 내다볼 틈도 없었습니다.

학교생활은 금세 적응되었습니다. 봄을 즐기고 싶어서 퇴근 후졸업을 한 모교에 자주 들렀습니다. 3월의 대학교 캠퍼스는 참 아름답습니다. 해가 질 무렵엔 꽃향기가 더 짙게 코끝을 스칩니다. 얼마 전까지 공부를 하면서 청춘을 보낸 곳입니다. 산책을 하다가우연히 "야간학교 교사 모집"을 하는 대자보를 보게 되었습니다.

퇴근 후에 시간이 비교적 여유롭게 남아 새로운 일을 도모하고있던 참이었기 때문에 담당자의 연락처로 바로 전화를 걸었습니다. 현직 교사라고 하니, 놀라더군요.

약속을 잡고 찾아간 곳은 도심과는 떨어진 곳에 위치한 한 허름한 건물이었습니다. 일주일에 두 번씩 나가 초등학교와 중학교 검정고시반에서 수학을 가르치게 되었습니다. 물론 무료 봉사였지요. 제가 잘할 수 있는 일을 도움을 필요로 하는 곳에서 나눌 수 있는 정말 소중한 시간들이었습니다.

하루 종일 정신없이 중학생들과 생활을 하고, 4시 30분에 퇴근을 해 일주일에 이틀은 야학으로 다시 출근했습니다. 저를 기다리고 있던 분들은 백발의 할머니들이었습니다. 낮에 만났던 중학생들과 다릅니다. 어두운 밤에 불을 밝힌 야학의 교실에서 엄숙한 삶의 무게가 느껴졌습니다.

이분들은 이미 오래전에 했어야 하는 공부를 하러 오신 것입니다. 50여 년 만에 만난 수학 선생님이 바로 저였지요. 제 수업을 통해 그분들이 오래된 과거를 만나시기 바라면서 최선을 다해 준비했습니다.

수업에 임하시는 태도가 진지했습니다. 어떤 분들은 돋보기를 들고 책을 보셨고, 연필을 꾹꾹 눌러 쓰며 천천히 문제를 푸셨습니다. 책상에 앉아서 연필을 들고 있는 이 순간이 정말로 행복하다고 하셨습니다. 과연 이분들에겐 어떤 꿈이 있으셨을까요?

물론 검정고시를 통해 초등학교나 중학교 졸업 자격을 얻는 것만으로 대단한 성취입니다. 그런데 저는 이분들이 늦은 시간에 야간학교에 나오셔서 책을 읽고 문제를 푸셨던 것이야말로 이미 매일매일 작은 성공을 하신 것으로 믿고 있습니다.

수업은 40분 정도 되었던 것으로 기억합니다. 20여 분 수업을 하고 나머지 시간에는 쪽지시험을 봤습니다. 깨끗한 새 공책을 사서 모든 분에게 나만의 수학 연습장을 만들어 드렸는데, 제가 칠판에 쓴 문제들을 연습장에 받아 적고 문제를 푸는 식으로 진행했습니다.

시험은 매일 봅니다. 그리고 풀이가 맞으면, "참 잘했어요" 도장을 찍어드렸습니다. 수학 연습장에 수학 문제 풀이가 쌓이고 도장의 개수가 늘어갔습니다. 하루에 두세 문제를 풀어 성공하는 것은 어르신들에게 무엇보다 중요한 경험이 되었습니다.

이미 신규 교사 때 이분들을 통해 책에서 배울 수 없었던 많은 교수학적 지식을 경험적으로 배웠습니다. 제가 가르치는 중학교 학생들에게도 적용해봤습니다. 수학에 대한 태도나 흥미, 학업성취도에서 많은 발전이 있었습니다. 특히 수학에 흥미가 없고, 수학을 잘하지 못하는 학생들에게 많은 도움이 되었습니다.

우리 모두는 잠재적인 수학 선생님입니다. 어린 아이들이나 자녀들에게 수학을 가르칠 일이 분명히 있습니다. 저는 "작은 성공의 반복"이 수학 실력을 길러준다는 분명한 확신을 갖고 있습니다.

같은 의미에서 초등학교 학생들이 반복해서 연습하는 연산은

4장. 연결

매일매일 하는 것이 중요합니다. 그리고 더 중요한 것은 학생들이 작은 성공을 했을 때, 반드시 칭찬을 해주셔야 한다는 것을 잊지 마시기 바랍니다. 제 경우에는 "참 잘했어요" 도장을 찍어주면서 용기가 되는 말을 항상 해주고 있습니다.

가끔씩 과학 뉴스를 접하면서 작은 성공에 대한 의미를 되새깁니다. "100억 광년 떨어진 은하에서 나온 빛을 관측했다.", "지구에서 10억 광년 떨어진 곳에서 블랙홀이 발견되었다."와 같은 여러분도 익숙한 뉴스들입니다.

빛의 속도로 10억 년, 100억 년을 가야 하는 곳이라니 상상이 되지 않습니다. 혹자는 지구 행성에 사는 우리들의 삶에 별반 도움이 되지 않는 뉴스라고 생각할 수 있습니다. 그런데 과학자들에게는 분명히 작은 성과일 것입니다.

현대 천문학자들은 지금 우리가 경험하고 확인할 수 있는 우주는 우주 전체의 4% 정도밖에 되지 않는다고 합니다. 나머지 96%는 무엇으로 이루어져 있는지 알 수도 없는 미지의 암흑에너지(dark energy)라고 합니다.

지금도 어느 연구실에서는 존재조차 의심스러운 이 암흑에너지의 정체를 밝혀내기 위한 새로운 도전과 작은 성공들이 이루어지고 있을 것입니다. 작은 성취와 발견들이 미지의 세계를 규명할 수 있는 또 다른 탐구의 밑거름이 되어줄 것입니다.

작은 성공에는 늘 새로운 도전이라는 메시지가 담겨 있습니다. 20년이 다 되어갑니다. 저는 공군으로 군 복무를 했습니다. 공군기지의 관제탑(Air-traffic Control Tower)에서 2년이 넘게 살았습니다. 관제탑은 특성상 공군기지의 가장 높은 건물이고, 또 전망이 좋았던 터라 외부에서 손님이라도 오게 되면, 꼭 방문을 하는 장소입니다. 관제범위의 항공기가 많지 않을 경우에 관제탑의 장비와 시설, 활주로에 있거나 상공에 떠다니는 항공기들을 손님들에게 자세히 소개해줍니다.

언젠가 미7공군 사령관이 참모들 몇 분과 함께 관제탑에 방문했습니다. 7공군 사령관이면 3성 장군입니다. 그는 잠시 머물다 돌아가면서 제게 짧은 대화를 건넸습니다. 무슨 말이 오갔는지 정확히 기억나지 않습니다. 아마도 간단한 인사 몇 마디를 주고받았을 것입니다.

다만, 저는 용기 있는 졸병이었습니다. 사인을 요구했던 것이지요. 그의 행동에서는 미군의 여유로움이 묻어났습니다. 사인과 함께 한 줄의 메시지를 써주셨습니다. 지금은 추억이 되었지만, 군에서 쓰던 빛바랜 노트에 다음과 같은 내용의 사령관님의 메시지가 적혀 있었습니다.

"Never be overly satisfied with a small success."

(작은 성공에 만족하지 말 것)

전역을 하고서 가끔 노트를 열어 메시지를 확인했습니다. 그리고 여러 번 이사를 다니면서 노트의 존재를 잊고 있었습니다. 메시지와는 상관없이 저는 그저 더 큰 도전과 성공을 갈망하는 청년의 모습을 늘 동경했습니다.

세월이 흘러 20여 년이 지난 어느 날 그 메시지를 다시 읽게 되었습니다. 싱가포르로 거처를 옮기게 되면서 제 서재의 한쪽 벽을 가득 채웠던 책들을 거의 다 버리고 왔습니다. 책을 자루에 넣으면서 혹시나 귀중품이 있나 책장을 넘겨 확인을 했었죠. 그런데, 종이조각이 날렸습니다. 제가 가위로 그 메시지를 오려놓았나 봅니다.

버리기 아까운 책을 박스 하나에 모아두었습니다. 필기체로 쓰인 한 줄의 문장은 두꺼운 『코스모스』의 어느 페이지 사이에 잘 꽂혀 박스에 보관되어 있을 것입니다.

중년을 바라보는 나이가 되어 그 메시지를 다시 읽었을 때, 이전과 사뭇 다른 느낌이었습니다. 작은 성공에 만족하지 말라는 사령관님의 메시지는 더 큰 성공을 하라는 것이 아니었다고 생각합니다. 작은 성공과 큰 성공을 비교하는 내용이 아니라는 것을 오랜 세월이 흐른 후 깨달았습니다. 죽비로 머리를 한 대 맞은 느낌이었습니다.

과연, 우리 삶에 큰 성공이란 것이 있을까요? 멀리서 보면 큰 성공 같지만, 그것이 삶의 또 다른 번민이 되는 경우를 수없이 많이 봅니다. 저는 작은 성공을 여러 번 경험하면서 감사하고 만족하라는 의미로 받아들였습니다.

작은 성공과 그에 대한 감사와 만족, 그리고 새로운 도전과 작은 성공이라는 선순환 속에서 삶은 의미가 있고 우리는 더 행복할 수 있다고 믿습니다.

한때는 "젊을 때의 성공을 조심해야 한다."는 금언이 이해가 안 되었습니다. 우리 선조들은 작은 성공에 지나치게 만족한 나머지 더 이상 발전을 위한 새로운 도전을 미루거나 포기한 청년에게 일침을 놓은 것입니다.

"나"를 잘 알 기회를 갖지 못하거나, 어둡고 긴 터널을 경험하지 못하고 성공한 젊은이들은 보통 자신의 능력을 일정한 수준으로 한정짓는 경향이 있습니다. 주변에서 이런 경우를 참 많이 봤습니다.

야간학교의 한 학기는 검정고시가 있는 주에 종강을 합니다. 보통은 검정고시가 끝나면, 어르신들이 선생님들에게 저녁을 사주십니다. 시험의 결과와는 상관없습니다. 식사자리에서 수학 노트 이야기가 나왔습니다. 많은 분들이 매일매일 도장 받는 재미로 수학 공부를 더 열심히 하셨다고 했습니다.

제가 야간학교에서 수학을 가르쳤지만, 오히려 삶의 자세나 학업에 대한 겸손한 마음을 배울 수 있었던 값진 시간들이었습니다. 무엇보다, 선생님 덕분에 학생 때로 다시 돌아가서 공부를 열심히할 수 있었다는 한마디 말씀은 신규 교사였던 제게 참 많은 생각의 화두를 던져주었습니다.

> "가르침은 과연, 배우는 사람에게
> 어떤 의미가 되어야 하는 것일까요?"

그 어떤 교육학 서적에도 정답은 나와 있지 않습니다. 아마도 사람들이 생각하는 답은 모두 다를 것입니다.

생을 마감할 때가 되면, 지나온 삶을 후회하는 사람이 많다고 합니다. 그들이 인생을 다시 산다면, 후회 없는 삶을 다시 살 수 있을까요? 인생을 다시 산다면 어떻게 살아야 할까요?

이미 오래전, 고대 그리스인들은 답을 알고 있었습니다.

> "오, 나의 영혼아. 불멸의 삶을 애써 바라지 말고
> 가능의 영역을 남김없이 다 살려고 노력하라."
> - 핀다로스(고대 그리스 시인)

우리는 가능의 영역을 모두 살아야 할 것입니다. 얼마나 많은 작은 성공들이 우리 앞에 기다리고 있을지는 아무도 모릅니다. 우리 일상의 사소하고 작은 성공들이 언젠가 무지개다리로 연결되어 보다 더 아름다운 인생의 그림이 완성될 것입니다.

가장 훌륭한 답은 '다 쓴 답'
완벽하지 않기 때문에 항상 새롭게 시작할 수 있습니다

fx

싱가포르에서 한국 학생들에게 수학을 가르치는 일은 한국과 크게 다르지 않습니다. 똑같은 교과서를 가지고 정규 시간 수업을 운영합니다. 다만, English Mathematics, SAT, AP 수업 등을 일주일에 몇 시간 더 담당하고 있다는 점이 조금 다르네요.

언젠가 EBS 다큐프라임을 담당하고 있는 작가님에게 메일 한 통을 받았습니다. "수학 불안"에 대한 프로그램을 기획하고 있다고 하면서, 싱가포르 수학교육과 관련된 서면 인터뷰를 부탁하셨습니다. 아마 "수학 불안"이란 단어를 처음 접하는 분이라도 무슨 의미인지는 짐작하실 것입니다.

수학 문제만 보면, 진땀이 나고 눈앞이 캄캄해지면서 내가 방금 전 풀어본 문제일지라도 다시 보면 어렵고 처음 보는 문제처럼 느껴집니다. 그리고 꼭 수학 시험 시간에 풀 수 없었던 문제들의 해법이 시험지를 제출하고 나면 생각이 나지요. 이와 같은 수학에 의한 심리적인 불안정 상태가 바로 "수학 불안"입니다.

"수학 불안"은 수학교육 연구자들이 오랜 시간에 걸쳐 연구해온 주제이며, 학술적으로는 이미 고유 명사가 되어 있습니다. 심지어 온라인상에서 "수학 불안 검사"를 할 수도 있습니다. 상대적으로 영어 불안이나, 국어 불안, 과학 불안과 같은 단어는 별로 쓰지 않는 것을 보면, 수학이 학생들에게 고통을 주는 것은 분명한 사실인가 봅니다.

EBS 다큐프라임 작가님이 제안한 서면 인터뷰에 흔쾌히 응했습니다. 싱가포르 현지 고등학교의 교사들이나 학생들과 교류를 하고 있으므로, 프로그램 제작에 충분히 도움을 줄 수 있으리라 생각했습니다. 서면 인터뷰의 글 작성 과정에 싱가포르에서 열린 학회 참석 경험이 큰 도움이 되었습니다.

싱가포르의 교사 양성 및 교육 연수 기관은 NIE(National Institute of Education)로 통합되어 있습니다. NIE는 우리나라로 치면 일종의 사범대학입니다. 세계적인 명문 신흥대학으로 인정받고 있는 난양공과대학교(Nanyang Technological University, NTU)의 부설 기관이기도 합니다.

싱가포르 교사들은 대부분 NIE 출신입니다. 언젠가 NIE의 수학교육과에서 주최한 수학교육 학술대회에 참석했습니다. 강당엔 싱가포르 전역에서 몰려든 수학교사들로 넘쳐났습니다. 조금 늦게 도착한 사람들은 계단에 앉거나 맨 뒤에 서서 강의를 들을 수밖에 없었습니다.

저는 대학원에서 공부하던 시절, 일본 도쿄에서 열린 학회에 참석했을 때 받은 느낌이 떠올랐습니다. 의자도 없는 강당 맨 바닥에 모인 군중들이 수학교육에 대해 같이 고민하고 토론하던 진풍경이 펼쳐졌었죠.

한국의 경우와 조금 다릅니다. 우리나라에선 보통 학회 차원이나, 대학에서 수학교육에 대한 학술대회를 개최하면, 수학교육과 교수들이나, 대학원에 재학 중인 교사들이 논문을 쓰기 위해서 모입니다. 수학 수업을 개선하거나, 수학을 가르치기 위한 영감을 받기 위해 순수하게 참여하는 수학교사들은 찾기 어렵습니다.

적어도 학회의 분위기만으로는 치열하게 수학교육을 함께 고민하는 수학교사들이 한국보다는 싱가포르에 더 많이 있는 것 같습니다. 쉬는 시간에 싱가포르의 수학교사들과 대화할 시간이 있었습니다. 마침 "수학 불안"에 대한 이야기가 오고 갔습니다.

수학은 만국 공통으로 어렵고 힘든 것이 사실이었습니다. "수학 불안"으로 힘들어하는 학생들이 싱가포르에도 물론 있습니다. 그런데, 우리나라 학생들의 수학 불안과 비교하면 결이 약간 다릅니다. 먼저, 우리나라의 학생들이 느끼는 수학 불안 중 많은 부분은 수학 문제의 답이 단 하나로 정해져 있다는 사실에 기인합니다.

싱가포르의 대다수 현지 학교의 수학 시험지에서는 답만을 요구하는 선택지 문항을 볼 수 없습니다. 모두 서술형 문항으로 되어 있습니다. 문제 풀이 과정을 전부 다 적어야 합니다. 중간고사나 기말고사와 같은 정기 시험이 없는 학교도 상당수 있습니다. 그렇다면 평가는 어떻게 하는지 의문이 드실 것입니다.

학생들이 푼 문제 해결 과정 전체를 채점합니다. 과정 평가입니다. 물론 수학 문제에는 정답이 있습니다. 하지만 맨 마지막에 쓰여진 숫자가 정답인지 여부는 채점 요소의 하나일 뿐입니다. 비록 답은 틀렸어도, 풀이의 논리가 분명하면 충분한 점수를 얻을 수 있습니다. 반대로 답은 맞았어도, 풀이 과정이 올바르지 못하면 감점을 감수해야 합니다.

> "답을 맞히는 것도 중요하지만,
> 끝까지 정성스럽게 푸는 것이 더 중요합니다."

수학 문제 해결 과정은 글쓰기와 비슷한 점이 많습니다. 최근 들어 책을 읽는 사람보다 책을 쓰려고 하는 사람들이 더 많아졌다고 합니다. 누구나 글을 잘 쓰고 싶어 합니다. 특히, 석사나 박사 학위 과정에 있는 대학원생이라면, 학위 논문을 잘 쓰고 싶을 것입니다.

글을 쓴다는 것은 정말 힘든 일입니다. 완벽한 글을 쓰고 싶지만, 첫 문장을 쓰는 것부터 어렵습니다. 글을 더 이상 써 내려갈 수 없어, 중간에 포기할 수도 있습니다. 만일 시간을 정해놓고 치르는 논술 시험의 답이라면 어떨까요? 중간에 쓰다 만 글을 높게 평가할 수는 없을 것입니다.

"가장 좋은 글이란, 어떤 글일까요?"

저는 박사학위 논문을 쓰면서 늘 커다란 산이 앞에 있는 것 같은 기분이 들었습니다. 이미 연구해놓은 자료와 데이터들이 책상 옆에 산더미처럼 쌓여 있었습니다. 이것을 분석하고 정리해 나만의 글을 써야 했습니다.

매일 아침 상쾌한 공기를 즐기면서 연구실로 향했습니다. 연구실 근처에 있는 작은 커피 집을 지나칠 수 없습니다. 이른 아침, 한가한 캠퍼스에서 커피 한 잔을 즐깁니다. 그런데 카드 키를 대고 연구실의 문을 여는 순간부터 세상이 바뀝니다. 오래된 책 냄새가 먼저 저를 반겨줍니다.

가방을 내려놓고 책들을 꺼냅니다. 창으로 들어오는 햇빛의 입자들과 먼지가 뒤죽박죽 섞여 숨이 막힐 지경입니다. 식사나 휴식 시간으로 잠깐씩 자리를 비울 때를 제외하곤 밤늦게까지 있어야 할 작은 공간입니다. 글을 써 내려가는 것이 쉽지 않았습니다. 답답했습니다.

어느 날 연구실이 있는 건물 1층에서 자판기 커피를 마시며, 잠시 쉬고 있었습니다. 한 손에 들고 있던, 작은 종이컵에서 미지근한 커피 향이 스멀스멀 올라옵니다. 평소에 그냥 지나쳤던 한 포스터의 글귀가 눈에 들어왔습니다. 학위 논문 출판 업체에서 붙여놓은 포스터에 있었던 문구입니다.

"가장 훌륭한 논문은 '다 쓴 논문'입니다."

단 한 줄의 글이 답답한 마음을 위로해줬습니다. 신기하게도 힘이 났습니다. 들고 있던 커피를 다 마시고 건물 밖으로 나가 숲길을 산책하면서 저는 우선 죽이 되든지 밥이 되든지 끝까지 써보겠다는 다짐을 했습니다.

매일 페이지수를 정해놓고 정해진 분량을 그냥 썼습니다. 잘 쓰겠다는 생각을 내려놓으니, 마음가짐이 한결 가벼워졌습니다. 시간은 흘러가게 되어 있습니다. 결국, 200페이지가 넘는 글의 마지막 마침표까지 찍게 되더군요.

꼭 해야 할 일이 있는데, 그것이 내 앞을 가로막고 있는 거대한 산처럼 느껴질 때가 분명히 있을 겁니다. 그 일을 잘 해낼 생각을 하는 것도 중요합니다. 하지만, 어떻게 해서든지 끝까지 해본다는 마음을 가져보는 것은 어떨까요?

수학 문제의 풀이를 생각해보겠습니다. 문제 풀이의 과정 및 결과는 간결할수록 좋습니다. 핵심 내용이 포함되어 있으면 그만입니다. 유명한 수학 논문 중에는 단 몇 페이지만으로 이루어진 논문이 많이 있습니다. 온라인상에서 쉽게 검색이 됩니다.

그런데 이 간결하면서도 아름다운 풀이는 단 한 번의 작업으로 나오지 않습니다. 수학 논문도 그렇고, 여러분들이 풀고 있는 수학 문제도 마찬가지입니다. 오랜 시간에 걸쳐 수학자들을 괴롭혀온 난제와 같은 어려운 문제들은 더더욱 그렇습니다. 글의 탈고 과정과 마찬가지로 수차례 수정 작업을 거친 후에 거친 풀이가 간결하게 다듬어져 아름다운 작품으로 탄생되는 것입니다.

명작을 탄생시키기 위해서는 먼저 대략적으로 답을 내놓고 중간에 오류가 있는지 점검하는 작업을 거쳐야 합니다. 무엇보다 최초의 추측과 풀이가 매우 중요합니다. 완벽하지 않은 풀이가 완성된 후, 정교하게 수정해 다듬는 것입니다.

"완성(完成)"

4장. 연결

이쯤에서 완성의 의미를 다시 생각해봅니다. 중국의 고전『주역』을 살펴봐야 합니다. 『주역』은 우리 인생사 모든 경우의 수를 64개의 괘로 분류해놓은 중국의 고전이라고 말씀드렸죠. 그 마지막 64번째 괘가 무엇일까요? 바로 화수미제(火水未濟) 괘입니다.

> "어린 여우가 강을 거의 다 건넜을 즈음,
> 꼬리를 적신다."
> -『주역』의 마지막 괘

마지막 괘에는 어린 여우가 등장합니다. "어린 여우가 강을 다 건넜을 즈음, 꼬리를 적신다." 여우가 완벽히 강을 다 건너가기 직전에 결국 꼬리가 젖었습니다. 우주 만물의 운행, 복잡한 인간사의 변화를 정리해놓은『주역』책의 마지막 메시지가 역설적이게도 작은 실수가 동반된 미완(未完)의 화수미제 괘입니다. 세상 모든 일에는 궁극적인 완성이 없고, 완벽한 마침표는 영원히 찍을 수 없다는 놀라운 비밀을 전하고 있는 것입니다.

책을 쓰는 일은 물론이고 수학 문제를 푸는 일도 마찬가지입니다. 어떤 일을 시작하면, 언젠가는 마지막 마침표를 찍어야 합니다. 일의 마지막 단계에서 조금 더 반성적이고 조심스럽게 접근해야 한다는 메시지로 해석할 수도 있습니다.

"언젠가는 마지막 마침표를 찍고, 끝내야 합니다."

최선을 다해 탈고한 글이라면, 보통의 경우는 두 번 다시 읽기 싫습니다. 너무 많이 봤기 때문이죠. 마감시간이 되면, 제출해야 합니다. 이젠 손을 놓고 보내줘야 합니다. 수학 문제도 마찬가지입니다. 최선을 다해 풀었으면, 내놓아야 하지요.

그런데 정말로 완벽하게 작성하고 제출한 글을 한참이 지나 다시 읽어보면, 수정해야 할 것들이 또 보입니다. 당연합니다. 『주역』에서 전하는 마지막 메시지가 바로 미완성입니다.

시간이 더 있었으면, 더 좋은 글, 더 좋은 풀이가 나왔을 것이라는 생각을 할 수 있겠지만, 이미 내 손을 떠난 일입니다. 어디 글이나 수학 문제뿐이겠습니까?

인생의 한 막을 내리고 또 다른 문을 열고 나가는 주인공들 역시 아쉬움이 많을 것입니다. 하지만 다 끝내셨으면 잘 하신 겁니다. 미완의 완성이기 때문에 또다시 새롭게 시작할 수 있습니다.

우리는 살면서 매일 새로운 역사를 쓰고 있습니다. 여러분들은 먼 훗날 생각했을 때 추억으로 간직할 만한 아름다운 그림을 그리고 계신지요? 저는 언제까지 적도 위에 머물게 될지 모르겠습니다. 그래도 이쯤에서 한 막의 마침표를 조심스럽게 찍어봅니다. 아쉬운 점도 있지만, 그것이 곧 삶의 참모습이기 때문에 앞으로의 새로운 시작이 더 기대됩니다.

수학 교실에 남겨진 과제를 생각합니다

"나는 누구이며, 어떻게 살아가야 하는가?"라는 문제는 인문학의 오래된 화두입니다. 이 책은 수학이 어떻게 삶의 이야기가 될 수 있는지에 대한 고민을 담고 있습니다.

우리는 무한한 세상으로부터 와서 유한한 삶을 잠시 살다가 다시 무한으로 돌아가는 존재입니다. 인간의 숙명을 받아들여야 하겠지요. 다만, 더 나은 삶을 위해 적극적인 변화를 시도하다 보면, 언젠가 아름다운 세상과 만날 수 있을 겁니다.

수학 선생님이 되어보겠다고 임용시험을 준비하면서 매일 다녔던 도서관 가는 길을 생각해봅니다. 학교 정문을 통과하면 도서관까지 길게 뻗은 은행나무 가로수길입니다. 안개가 자욱한 늦가을 이른 새벽, 아무도 걷지 않은 길, 지금보다 훨씬 순수했던 청년은 이미 바닥에 수북하게 쌓인 노오란 은행잎을 밟으며 꿈을 향해 걸어갔습니다.

지금도 기억에 또렷하게 남아 있는 건 묵직한 새벽 공기입니다. 그때 제 주위를 감싸고 맴돌던 공기의 무게를 글로 잘 설명할 순 없습니다. 이후 그토록 원했던 수학 선생님이 되어 교단에 선 지 꽤 오래되었습니다.

수학을 가르치면서 문득 그때의 새벽 공기가 떠오를 때가 있습니다. 학생들과 수학을 함께 논하다 보면 답답하고 무거운 분위기가 연출되기도 하거든요. 이 묵직한 교실 분위기 역시 말이나 글로 잘 표현할 수가 없습니다.

수학 교실의 답답하고 숨 막히는 이 공기를 오롯이 느끼게 된다면, 누구나 참된 수학교육을 해야겠다는 다짐을 하게 될 텐데요. 결국, 수학 교과서에 깨알같이 적힌 수식 너머의 그 무언가에서 답을 찾을 수밖에 없습니다.

수학을 가르치고자 했던 '순수한 초심'으로 돌아가 처음부터 탑을 다시 쌓아야 합니다. 이 책이 바른 수학교육을 위한 새로운 담론의 기초가 되길 바랍니다. 구체적인 실천 방법은 후속 과제로 남겨둡니다.

사진 · 그림 출처

· 김지원　22쪽
· 반은섭　43쪽, 46쪽, 109쪽, 129쪽, 132쪽, 145쪽, 199쪽, 221쪽
· iStockphoto.com　114쪽, 163쪽, 189쪽
· jpl.nasa.gov　48쪽, 49쪽, 50쪽, 53쪽
· Muslim Heritage　177쪽
· samos-beaches.com　204쪽
· theguardian.com　181쪽
· wikimedia commons　41쪽, 59쪽, 70쪽, 179쪽